2026 유튜버 파이팅혼공TV
산림기능사
필기 초단기 합격

<산림기능사 전망>

최근 갈수록 심각해지는 밀집된 도시환경에서의 각종 스트레스와 전 세계적 팬데믹을 겪으면서 우리나라에서도 산림 휴양에 대한 관심과 수요가 확대되고 있습니다. 정부와 지자체 그리고 민간이 조성한 자연휴양림, 산림욕장, 수목원 등도 지속적으로 증가하는 추세입니다. 따라서 산림기능인의 일자리 또한 증가할 것으로 예상됩니다.

특히 온실가스 배출 증가에 따른 지구온난화와 탄소배출권 관련 정책 시행 등으로 기존 산림의 병해충 방제와 조림·영림 및 벌목원 등의 인력 수요도 증가하는 추세입니다.

산림청은 '2050 탄소중립'을 실현하기 위해 탄소흡수를 위한 산림환경 조성과 더불어 수입 운송과정에서 발생하는 탄소 발생을 줄이기 위해 약 16%에 불과한 국내 목재 자급률을 높일 계획입니다. 이를 위해 국내 목재 가공 산업 역시 경쟁력을 높이기 위하여 조림, 영림, 벌목 관련 종사자 및 산림전문가에 대한 수요도 꾸준히 증가할 것으로 예상되며 산림기능사 자격증은 중장기적으로 전망이 밝은, 활용도와 전문성을 겸비한 국가 기술 자격증이라 할 수 있습니다.

최근에는 중년 이후 귀산, 귀촌 및 전원생활 인구가 늘어나면서 일과 휴양을 병행할 수 있는 산림 관련 일자리에 대한 관심이 폭발적으로 증가하고 있으며 꼭 메인 직업을 위한 자격증 취득이 아닌 소위 '부캐'(부수적 캐릭터 sub character)를 위한 자기개발이나 취미활동을 위해 취득하는 사례가 증가하고 있고, 퇴직을 앞둔 중장년층의 인생 2막을 위한 준비로 산림기능사 자격증을 취득하는 사례 역시 크게 증가하고 있습니다.

본 교재는 매 회차 시험마다 꾸준히 수많은 합격자를 배출하고 있는 파이팅혼공TV의 검증된 유튜브 강의와 함께 산림기능사 필기시험을 시간 낭비 없이 한방에 효율적으로 합격할 수 있는 방법을 전해드리고자 줄간하였습니다. 심지어 산림과 임업에 문외한인 분일지라도 교재에서 제시하는 학습법 대로만 학습하신다면 별로 힘들이지 않고 합격하실 수 있도록 구성하였습니다.

파이팅혼공TV와 함께
『합격의 지름길을 찾아갑시다!』
자격증 초단기 합격 전문 유튜브 채널

유튜브 검색창에 <산림기능사 필기> 또는 <파이팅혼공TV>를 입력하시면
바로 강의와 함께 공부하실 수 있습니다.

<파이팅혼공TV>는 산업안전기사, 산업안전산업기사, 위험물 산업기사, 전기산업기사 시리즈와 기능사 상시시험인 굴착기 기능사, 지게차 기능사, 조리기능사, 미용기능사, 제과제빵기능사 필기를 비롯 산림기능사, 조경기능사, 전기기능사, 위험물기능사 등 기능사 정기시험 종목들, 그리고 화물운송, 택시, 버스운송자격시험, 보트조종면허, 드론 조종면허, 공인중개사 시험에 이르기까지 다양한 자격증의 초단기 합격을 위한 몰입형 학습 컨텐츠 (스피드 암기노트 시리즈) 영상 제작에 집중하고 있는 구독자 18만명을 보유한 자격증 전문 유튜브채널입니다.

이론적 전문성 보다는 실기 기능에 중점을 둔 자격증의 경우 필기시험 준비를 위해 많은 시간과 돈을 들이는 것은 비효율적입니다. 하지만 이 정도쯤이야 하고 교재를 펼쳤다가 생각보다 전문적인 용어와 내용들에 깜짝 놀라시는 경우가 많습니다.

예전 기출문제에서 순환 출제되는 문제은행식 출제 유형의 시험에서는 이론을 순서대로 이해하며 공부해가는 연구자 모드 공부법보다 핵심내용을 암기팁을 활용하여 정답을 빠르게 찾아내는 쪽집게식 공부법이 효과적입니다. 파이팅혼공TV는 방대한 분량의 기출문제 데이터를 분석하여 출제가 예상되는 핵심내용만 엄선하여 재미있고 효과적인 공부가 될 수 있도록 끊임없이 연구하고 있습니다.

"선생님, 독해가 잘 안 돼요." 하고 고민하는 학생에게 독해 지문에 나오는 영어 단어를 물어보면 전혀 단어 암기가 되어있지 않은 경우가 대부분입니다. 독해가 되지 않는다면 일단 단어의 뜻부터 암기해야 하듯이 생소한 분야는 일단 용어의 뜻부터 암기해야 문제가 풀린다는 당연한 사실을 상기해 보면서 여러분을 초단기 합격의 길로 안내하겠습니다.

파이팅혼공TV
PD 혼공쌤

파이팅혼공TV 혼공쌤의 초단기 합격 Tip

❶ 생소한 명칭 키워드부터 파악하자.
▶ 어디에 쓰이는 물건인고? 평소에 접해보지 않은 조림과 육림 및 산림갱신과 관련된 생소한 용어와 원리를 먼저 간략히 이해합니다. 사실 어려워 보이는 전문용어도 단어의 뜻을 알고 보면 영어를 한글 발음으로 옮겨 놓은 것에 불과한 쉬운 내용인 경우가 많습니다.

❷ 〈문제와 답〉 암기만으로도 고득점이 가능
▶ 기능사 시험은 응용력을 테스트하는 시험이 아닌 과년도 기출문제에서 그대로 출제되는 문제은행식 출제방식으로 〈문제와 답〉 암기만으로도 고득점이 가능합니다.

❸ 답을 알아도 암기는 어렵죠?
▶ 유튜브 영상을 통해 몇 번만 들으면 저절로 암기되는 마성(?)의 암기팁이 대량 녹아있는 스피드 암기노트 시리즈로 배경지식이 전혀 없는 일반인도 초단기 합격이 가능합니다.

❹ 한 문장이 한 문제다.
▶ 철저히 기출되었던 문제 중심으로 집필하여 교재의 한 문장 한 문장이 한 문제와 직결되도록 핵심내용만 요약 정리하였습니다. 굵은 글씨와 색으로 강조된 키워드만 빠르게 여러 번 반복해서 읽어보시는 방법도 추천드립니다.

❺ 문제에 답이 미리 표시되어 있는 이유!

▶ 우리의 뇌는 문제를 풀 때 내가 찍은 보기가 정답이 되어야 하는 로직(logic)를 만들어 머리 속에 각인시킵니다. 그래서 모르는 문제에 많은 시간을 할애하여 나만의 로직을 만들어 풀었는데 틀리게 되면, 한번 틀린 문제는 계속해서 틀리게 됩니다. 오답노트를 만들거나 정답지문의 반복암기를 통해 머리 속에 남아 있는 먼저 입력된 로직을 깨부수지 않고는 쉽게 이러한 선입견이 사라지지 않습니다.

▶ 따라서 처음부터 무작정 문제형식으로 풀어보는 것보다는 답이 표시되어 있는 문제와 답을 연결시켜 정답과 오답을 분리하여 이해하고 암기하는 것이 산림기능사 시험과 같은 문제의 풀(pool)이 제한되어 있는 문제은행식 시험에 적합한 초단기 합격 비결이라 생각합니다.

❻ 혼자서 책만보지 마세요.

▶ 유튜브 채널 〈파이팅혼공TV〉의 산림기능사 필기 영상들을 교재와 같이 보시면 공부속도가 훨씬 빨라집니다. 하루에 4시간 정도만 투자하셔서 영상과 함께 공부하신다면 본 교재를 처음부터 끝까지 1회독하시는 효과가 있습니다. 1주일 동안 4시간씩 투자하셔서 7회독 정도 하신다면 100% 합격점수 이상 획득하시리라 확신합니다.

✦ 산림기능사 응시방법 ✦

한국산업인력공단 큐넷 www.q-net.or.kr

산림기능사 시험은 기능사 정기시험으로 연간 4회 시행됩니다. (굴착기, 지게차 등 상시시험은 약 2주 간격 계속 시험 일정이 있습니다.) 연간 시험 일정을 살펴보시고 해당 필기 접수일 10시 정각 큐넷 홈페이지에 접속하셔서 응시 종목에 산림기능사를 선택한 다음, 응시 시간과 장소를 정하시고 응시료를 결제하시면 접수가 완료됩니다.

CONTENTS

산림기능사 필기 초단기 합격
빈출 + 기출문제집

1. 기본이론 한방에 정리

1. 산림 환경   15
① 수분   15
② 양분   17
③ 광선   18
④ 온도   20
⑤ 토양   21

2. 종자와 묘목   23
① 종자의 채취와 저장   23
② 종자의 발아와 효율   26
③ 발아검사와 발아촉진   28
④ 묘목의 생산   30
⑤ 묘목의 관리   34
⑥ 묘목의 굴취와 포장 및 식재   37

3. 숲가꾸기   41
① 인공림과 천연림   41
② 임지시비와 비료목   49

1. 기본이론 한방에 정리

4. 산림갱신   51
① 산림 작업종   51
② 천연갱신과 인공갱신   52
③ 갱신 작업종   53

5. 수목 재해   59
① 인간에 의한 재해   59
② 기상 재해   60
③ 대기오염 재해   62
④ 들짐승에 의한 피해   63

6. 수목병해충   64
① 수목병   64
② 산림해충   70
③ 산림해충 방제   74
④ 약제를 이용한 병충해 구제   75

CONTENTS

산림기능사 필기 초단기 합격
빈출 + 기출문제집

1. 기본이론 한방에 정리

7. 산림작업 기계 및 장비   80
- ① 산림작업 기계 및 장비 종류   80
- ② 산림작업 도구의 관리와 점검   85
- ③ 엔진의 원리와 구조   86
- ④ 윤활유(엔진오일)   91
- ⑤ 체인톱(기계톱)   94
- ⑥ 예불기(예초기)   100

8. 산림작업 장비의 정비 및 안전관리   101
- ① 체인톱의 정비   101
- ② 체인톱 기능장애 원인 및 조치   103
- ③ 체인톱 작업 시 유의사항   104
- ④ 예불기 작업 시 유의사항   105
- ⑤ 소형동력윈치   106
- ⑥ 산림작업 안전관리   107
- ⑦ 산림작업 관리업무   109

2. 기출 스피드 문답암기 5회분

기출 스피드 문답암기 1회	**113**
기출 스피드 문답암기 2회	**129**
기출 스피드 문답암기 3회	**145**
기출 스피드 문답암기 4회	**162**
기출 스피드 문답암기 5회	**179**

3. 빈출 모의고사 5회분

빈출 모의고사 1회	**199**
빈출 모의고사 2회	**215**
빈출 모의고사 3회	**232**
빈출 모의고사 4회	**249**
빈출 모의고사 5회	**265**

2026 유튜버 **파이팅혼공TV**

산림기능사
- 기본이론 한방에 정리 -

유튜브 검색창에
[산림기능사 한방에 정리]로 검색하셔서
영상과 함께 공부하시는 것을 **추천**드립니다.

방대한 산림이론을 기능사 시험에 출제되는 범위로 압축하여
각 파트별로 가급적 자주 출제되는 기출문장 그대로 정리하였기 때문에
학습 효율을 극대화하실 수 있습니다.

산림환경

1 수분

1) 유효수분과 무효수분

① **유효수분이란?**
- 토양 속의 수분 중 수목이 직접 흡수하여 이용하는 수분으로 토양입자가 작을수록 많아진다.
- 수목 생장에 적합한 유효수분의 토양수분장력 범위 : pF 2.7~4.2(포장용수량~영구위조점)
- 포장용수량 이상의 수분은 과습을 유발, 영구위조점 이하의 수분은 수목이 이용 불가능
- 수목 생육에 적합한 최적함수량 : 최대용수량의 60%~80% 범위

② **무효수분이란?**
- 영구위조점에서 토양이 머금고 있는 수분
- 고등식물의 생육이나 미생물 활동에 부적합한 수분

③ **식물이 수분을 흡수하는 방법 : 삼투압과 막압의 차이에 의해 흡수된다.**
- 식물의 뿌리세포 자체의 삼투압이 토양용액의 삼투압보다 높아 수분이 뿌리쪽으로 흡수된다. (능동적 흡수)
- 막압 : 세포 바깥으로 수분이 배출되는 압력
- 식물의 뿌리 중 근모부에서 수분흡수가 가장 왕성하다.

TIP! 용어정리

① **토양수분장력(pF, potential force)** : 토양에 흡착된 수분이 어느 정도의 힘으로 결합되어 있는지를 나타내는 지표로 수주높이(H)의 절대치(pF = log H)

② **포장용수량** : 최대용수량에서 중력수가 완전히 제거된 후 토양이 모세관수 만을 최대로 보유하고 있을 때의 수분함량

③ **최대용수량** : 토양의 모든 빈 공간이 물로 꽉 찬 상태에서의 수분함량

④ **중력수** : 비가 많이 온 후, 물이 토양의 모든 빈공간을 차지하여 포화상태에 놓인 후, 일정한 시간동안 중력에 의하여 배수되는 물, 중력에 의해 자유롭게 이동(pF 2.5 이하)

⑤ **모세관수(모관수)** : 중력에 저항하여 토양입자와 물분자 간의 부착력에 의하여 모세관 사이에 남아 있는 물로, 수목이 가장 유용하게 이용하는 토양수분, 식물의 유효수분 (pF 2.7~4.5)

⑥ **흡습수** : 공기 중 수증기를 토양입자에 응축시킨 수분, 토양 알갱이와 매우 단단히 부착되어 뿌리의 흡수 이용은 불가능함(pF 4.5~7)

⑦ **결합수** : 토양의 분자를 구성하는 수분, 수목에 흡수되지 않지만 화합물의 성질에 영향(pF 7.0 이상)

⑧ **목부** : **도관**세포로 이루어져 있으며 **수분의 이동 통로**다. 활엽수의 목부에는 도관이 발달, 침엽수에는 도관이 없고 가도관이 있음.

⑨ **사부** : **체관**세포로 이루어져 있으며 **양분의 이동 통로**다.

2) 증산작용

① **증산작용**이란 식물의 수분이 기화하여 대기 중으로 배출되는 것으로 수목의 증산작용이 주로 이루어지는 부위는 잎이다.

② **증산작용이 왕성한 조건** : 광도는 강할수록, 습도는 낮을수록, 온도는 높을수록, 기공의 개폐가 빈번할수록, 기공이 크고 밀도가 높을수록

③ **증산작용의 효과** : 잎의 온도를 낮추고, 무기염류의 흡수와 이동을 촉진시킨다.

④ **증산계수(요수량)** : 나무가 건조물질 1g을 생산하는데 필요한 수분의 양
공중습도가 낮고, 일조부족, 바람이 심할 때, 토양이 척박할 시 요수량이 커진다.

⑤ **증산계수 값이 큰 나무** : 비교적 높은 토양습윤도를 요구하는 수종
(참나무류, 버드나무류, 낙우송, 오리나무, 가문비나무 등)
⑥ **증산계수 값이 작은 나무** : 비교적 건조한 토양에서 잘 견디는 수종
(향나무, 자작나무, 소나무, 노간주나무 등)
⑦ **토양건조 시** : 뿌리의 수분흡수력 증가 - 증산작용이 억제된다.

2 양분

1) 필수원소

▶ **수목생육에 필수불가결한 원소로 다른 원소로 대용 불가능, 다량원소와 미량원소가 있다.**
- **다량원소** : 탄소(C), 수소(H), 산소(O), 질소(N), 황(S), 칼륨(K), 인(P), 칼슘(Ca), 마그네슘(Mg)
- **미량원소** : 철(Fe), 망간(Mn), 아연(Zn), 구리(Cu), 몰리브덴(Mo), 붕소(B), 염소(Cl)

2) 주요원소별 특징

- **N(질소)** : 식물체 내에서 단백질 합성에 필요하며 주로 생장에 작용
  질소 결핍 시 생장불량, 잎이 짧아지고 작아지며 뿌리신장도 제한, 잔뿌리량 적어진다.
  질소 과용 시 도장현상(웃자람) 발생으로 잎이 짙은 녹색으로 변하고,
  세포벽 연화로 인해 가뭄과 병충해에 약해진다.
- **P(인산)** : 에너지의 공급과 관련이 깊으며 수목체 내에서 이동이 가장 쉬운 양분이다.
  뿌리(지하부)신장 촉진, 내한성 및 내건성 강화
  인산 결핍 시 뿌리 생육 나빠져 발육이 늦고, 잎말림현상으로 고사, 열매와 종자형성 감소
  인산 과용 시 토양 중 철이나 알루미늄과 결합 철, 붕소 결핍을 초래 황화현상 발생
- **K(칼륨)** : 뿌리 발달, 세포분열 촉진, 개화 결실 촉진, 병충해 저항성 증대
  결핍 시 황화현상

3 광선

> ※ 광선은 산림의 환경인자 중 임목 생육에 가장 큰 영향을 끼친다.

1) 광합성

- **광합성 작용**은 대기 중의 **이산화탄소로 탄수화물을 만드는 과정**
- 광합성으로 만들어진 탄수화물은 **체관(사부)를 타고 이동** 수목의 생장과 호흡, 저장물질로 이용
- 대기 중 CO_2 (이산화탄소) 농도(0.03%)는 일반적으로 **부족**하다. (충분하다. (✗))
- 태양의 일변화에 따른 광도차이는 **광합성에 영향**을 주며, 대체로 **11시경이 최대치**이다.
- 계절적 변화에 따라 온도, 광도, 엽면적이 달라지므로 **광합성량도 달라진다.**
- **음수, 음엽**은 부족한 광도에서도 **광합성 효율이 높다.**
- 토양에 **수분이 부족**하거나 **질소가 결핍**되면 **광합성이 억제**된다.
- **약제살포**는 엽면의 기공을 막아 광도를 줄여 **광합성에 부정적인 영향**을 끼친다.
- **광도가 너무 낮다** : 광합성으로 얻는 물질량보다 호흡으로 잃는 물질량이 많다.
- **광도가 너무 높다** : 광합성 효율이 저하된다.
- **최소수광량** : 전나무류 4%, 낙엽송류 15~20%, 보통 **음수림이** 양수림보다 **최소수광량이 낮다.**
- 수종에 따라 광합성 능력의 차이가 존재한다.
- 같은 엽면적을 기준으로 **참나무류**가 소나무류보다 **광합성률이 높다.**
- 수목 잎의 엽록체가 주로 흡수하여 **광합성에 이용**하는 광선으로 일반적으로 **수목의 광합성이 활발히** 일어나는 **광파장 영역은 400~700nm**이다. [가시광선영역]
- **자외선[400nm이하]**은 파장이 짧아 **식물의 신장을 억제**한다.
- 광합성에 이용하는 **파장이 다른** 두 수종으로 혼효림을 조성하여 **혼효효과를 높이기도** 한다.

2) 양수와 음수

① 음지에 견디는 정도인 **내음성**을 기준으로 **양수, 중용수, 음수**로 나눈다.
② 보통 나무는 **어릴 때 내음력이 증대**하고 자라면서 줄어든다.
③ **수령이 많아질수록 더 많은 광량을 필요로 한다.**

3) 양수

▶ 내음성이 약하며 높은 광도에서 광합성 효율이 높다.
▶ 아랫가지는 자연고사(자연전지)되어 떨어지기 쉽다.
▶ 이웃한 상층목의 압박으로 제대로 성장하지 못하는 피압으로 인한 피해가 크다.

양수 암기법	
〈아래 시로 외우자!〉 포플러 튤립 쥐똥 향 층층(한데) 측은(히) (얼굴) 붉히자 밤배벚삼오 무등산위 오이자주낙소	• 포플러나무, 플라타너스, 튤립나무, 쥐똥나무, 향나무, 층층나무, 측백나무, 은행나무, 붉나무, 히말라야시다, 자귀나무, 밤나무, 배롱나무, 벚나무, 삼나무, 오동나무, 무궁화, 등, 산수유, 위성류, 오리나무, 이팝나무, 자작나무, 주엽나무, 낙엽송, 소나무 (그 밖에 개나리, 메타세쿼이아, 모과나무, 조팝나무, 석류나무, 철쭉, 느티나무, 가중나무, 참나무류, 백목련 등이 있다.)

4) 음수

▶ 내음성이 아주 강하며, 수관밀도가 높고, 임분의 자연간벌 속도 및 자연전지 속도가 느리다.
▶ 주위 경쟁목 제거 시 즉시 수고와 직경의 생장이 촉진된다.
▶ 하층식생으로도 오랫동안 생장을 유지한다.
▶ 지하고가 낮으며 아랫가지가 잘 떨어지지 않는다.

음수 암기법	
〈음흉한 사돈팔촌!?〉 독일회사 주식 팔후 나주개 너도 전가문 녹칠 함단서	• 독일가문비, 회양목, 사철나무, 주목, 식나무, 팔손이, 후박나무, 나한백, 주목, 개비자, 너도밤나무, 전나무, 가문비나무, 녹나무, 칠엽수, 함백, 단풍나무, 서어나무 (그 밖에 자금우, 송악, 맥문동, 회양목, 굴거리나무 등도 음수다.) • 음수 중에서도 내음성이 가장 강한 극음수는 회양목, 사철나무, 나한백, 주목, 개비자나무, 굴거리나무 암기 TIP! 극음수 - 회사나주개굴!

4 온도

1) 산림대

① 위도와 해발고도에 따라 주로 연평균기온을 중심으로 수평적으로 지대를 구분하여 지대별로 산림환경의 특성과 수종분포를 파악하여 산림을 분류하는 방법을 뜻한다.
② 산림대를 결정하는 가장 중요한 자연조건은 기후이다.
③ 식물은 수분이 충분히 주어질 경우 5도씨 이상에서는 성장이 가능

2) 우리나라 수평적 산림대 구분 (기준 : 온량지수와 위도)

① 남쪽에서부터 난대림, 온대림(온대남부림, 온대 중부림, 온대 북부림) 한대림으로 구성
② 우리나라가 속해있는 산림대와 가까운 것은 온대낙엽수림
③ 우리나라는 온대림의 면적이 가장 넓다.

3) 우리나라의 산림대는 난대림, 온대림, 한대림으로 구분한다. (열대림은 분포하지 않는다.) 기출

주요수종

① [난대림] : 동백나무, 후박나무, 아왜나무, 가시나무, 사철나무, 녹나무, 식나무, 돈나무, 해송, 삼나무 [주로 상록활엽수]
② [온대림] : 느티나무, 참나무, 소나무, 단풍나무, 박달나무, 잣나무, 전나무, 곰솔 [주로 낙엽 활엽수]
③ [한대림] : 가문비나무, 분비나무, 잎갈나무, 잣나무, 전나무 [주로 침엽수(고산수종)]
❖ 대나무류 중 맹종죽의 원산지는 중국이다.

5 토양

1) 암석과 토양의 성질

① 우리나라 지각의 대부분을 이루고 있는 암석은 **화성암**
- **화성암의 종류** : **화**강암, **안**산암, **현**무암, **섬**록암 암기 TIP! 화안현섬
- **변성암의 종류** : **편**마암, **대**리암, **사문**암 암기 TIP! 변편대사문
- **퇴적암의 종류** : 사암, 혈암(셰일 shale), 점판암

② 우리나라 전국 산지 대부분에서 출현하는 토양 - **갈색산림토양**

③ **토양입자 직경이 0.02~0.2mm** : 세사(가는모래) [직경 0.5~1.0mm : 조사(거친모래)]

④ **토양의 3상** : 고상, 액상, 기상 / 식물생육에 적합한 비율 = **고상(50%) : 액상(2(5%) : 기상(25%)**

⑤ **토성** : 점토의 함량을 기준으로 구분
- 사토(모래흙) - 사양토(모래참흙) - 양토(참흙) - 식양토(질참흙) - 식토(진흙)

우리나라 토성구분 [기출]

❖ **사질토** : 대부분 모래로 구성 (오답 : 모래를 50%이상 함유 (✘))
❖ **양질사토** : 미사와 점토가 25% 정도 함유
❖ **양질점토** : 점토가 45~65% 정도 함유
❖ **점토** : 점토가 65% 이상 함유
▶ **토성결정 3요소** : ⟨**모**래, **미**사, **점**토⟩ 암기 TIP! 모미점 (자갈(×))

2) 토양단면도

① **토양의 단면 형성 요인** : 기후, 식생, 지형, 경과시간에 따라 빛깔과 입자의 크기가 달라짐

② **순서(위쪽에서 아래쪽으로)** : 유기물층 - 표토층 - 심토층 - 모재층 - 암석

③ **유기물층(Ao층)** : 낙엽과 그 분해물질 등 대부분 유기물로 되어있는 토양고유의 층으로 L층, F층, H층으로 구성

- L층 - 아직 썩지 않은 낙엽 등 유기물(낙엽층)
- F층 - 썩었지만 조직식별가능(분해층)
- H층 - 썩어서 식별불가능(부식층)

- O층 - 유기물층, 유기물 집적층
- A층 - 용탈층, 유기물 + 광물질이 혼합된 표토층
- B층 - 집적층. 유기물이 적은 집적 하층토
- C층 - 모재층(암석 풍화물)

3) 산성 토양과 염기성 토양 (토양의 산도)

▶ 강산성 : pH 3.8~5.4 / 약산성(중성) : pH 5.5~7.2 / 염기성(알칼리성) : pH 7.3 이상

① 대부분의 임목은 중성에 가까운 pH5.5~6.5에서 잘 자란다.

〈적정 pH〉 기출
침엽수 : pH5.0~pH5.5 / 활엽수 : pH5.5~pH6.0

② pH5.0 이하의 산림지역에서는 침엽수 식재가 바람직하다.
③ 일반적으로 산림토양은 **겨울철에 pH가 높고, 여름철에는 낮다.**
④ 임상의 pH는 낙엽으로부터 염기가 방출되는 시기인 **가을이 가장 높다.**
⑤ 일반적으로 산림토양은 **심토층의 pH가** 표토층보다 **높다.**
⑥ 일반적으로 산림토양은 **산 위쪽의 pH가** 산 아래쪽보다 **낮다.(산 위쪽이 산성이 더 강하다.)**
⑦ **토양의 산도가 영향을 주는 범위**
    비료의 효과, 임목의 생육, 종자의 발아, 종묘의 생육, 식생분포
⑧ 우리나라 산림토양은 대부분 **산성이 강하다.**

종자와 묘목

1 종자의 채취와 저장

1) 종자의 구조

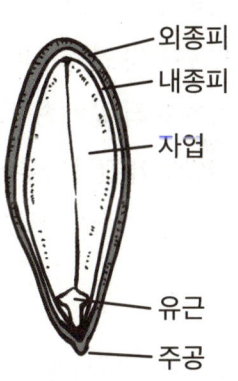

① **배유종자** : 배와 배유 두 부분으로 되어있고, 배유에 양분이 저장된다. 배에는 잎, 생장점, 줄기, 뿌리 등의 어린 조직이 모두 포함되어 있다.

② **무배유종자** : 저장양분이 자엽에 저장되어 있어 씨젖조직이 없다.
  - 기출 : 밤나무, 호두나무, 벽오동, 자작나무, 단풍나무, 참나무

▶ 자엽이란 - 종자식물에서 배의 발육기에 맨처음 마디에 생기는 잎
  움이 틀 때 처음나오는 싹(떡잎)

2) 겉씨식물과 속씨식물

① **겉씨식물** : 보통 침엽수로 분류, 꽃잎과 꽃받침이 없는 단성화를 가지며 중복수정 하지 않는다.
- 기출 : **은행나무**, 소나무, 주목, 향나무, 측백나무, 낙엽송, 삼나무

② **속씨식물** : 보통 활엽수로 분류, 씨방속에 씨(종자)가 들어있으며 개화식물, 피자식물이라고도 한다.
- 밤나무, 상수리나무, 개암나무, 단풍나무, 물푸레나무, 오리나무, 느티나무, 호두나무, 자작나무

3) 임업용 종자의 산지 선택 조건

▶ **조림지와 종자산지의 온도, 강우량(강설량) 등 토지조건이 비슷해야 한다.**
- 기출 : 종자 산지 조건은 강설량과 관계없다. (✖) 관계있다. (〇)

4) 채종림의 선발 조건 (기준)

① 바람맞이가 아닌 지역의 산림
② 한 단지의 면적이 1ha 이상이고 모수가 300본/ha 이상인 산림
③ 보호 관리 및 채종작업이 편리한 산림
④ 우량목이 전체 나무의 50% 이상, 불량목은 20% 이하
⑤ **채종원** : 개량종자를 지속적으로 공급할 목적으로 **인위적으로 조성**된 것

5) 우량종자 선발요령 [종자의 정선방법]

- **종자의 정선**이란 협잡물인 나무껍질, 모래, 쭉정이 등을 **제거**하여 **우량한 종자**를 획득하는 것을 말한다.
- **광택이나 윤기가 날 것**
- **오래되지 않은 것**
- **알이 알차고 완숙한 것**
    - 기출오답 : 물에 담갔을 때 뜨는 것 (✖)

① **입선법** : 종자의 굵기와 열매를 눈으로 보고 손으로 선별하는 방법으로 **대립종자 선별에 적합**
(호두나무, 밤나무, 상수리나무 등)

② **사선법** : 종자를 체로 쳐서 굵고 작은 협잡물을 분별하는 정선법

③ **풍선법** : 바람을 이용하여 정선하는 방법으로 주로 **자작나무**와 같이 **가볍고 작은 종자에 이용**

6) 개화 이후 종자의 성숙기간이 짧은 수종

① 사시나무, 미루나무, 버드나무(개화직후 종자성숙)

② 사시나무, 버드나무는 여름에 서둘러 종자가 성숙해 버린다. 따라서 파종이 늦어질 시에 발아력을 상실하여 이듬해 춘기까지 저장이 어렵기 때문에 5~6월경 채종 즉시 파종해야 한다.

7) 종자의 수득률

▶ 채취한 열매를 정선하여 얻은 종자의 비율

> 호두나무 52   가래나무 50   은행나무 28.5   자작나무 24
> 박달나무 23.3   전나무 19.2   잣나무 12.5   향나무 12.4

8) 성숙 종자의 채종 시기

- 7월 : 왕벚나무
- 8월 : 섬잣나무
- 9월 : 졸참나무, 소나무
- 10월 : 오리나무, 아까시 나무, 단풍나무

9) 종자의 저장

① **햇볕건조(양달건조)저장** : 단백질과 지방이 주성분인 소립종자에 이용

- 소나무, 전나무, 낙엽송 등 침엽수는 구과를 건조시켜야 종자가 탈각
- 종자 건조저장 시 적정온도는 0~10도씨
- 종자 저온저장 시 적정온도는 4~7도씨

② **밀봉저장** : 종자의 수분함량을 낮춰 장기간 저장하는 방법으로 수분이 많은 종자에는 적합하지 않다.
- 결실주기가 긴 수종이나 생명력을 쉽게 상실하는 씨앗에 적용한다.
- 연구와 시험을 목적으로 할 때도 주로 이용된다.
- 상온에 1년 이상 저장 시 발아력 50% 상실 **밀봉저장**해야하는 수종
- **잎갈**나무, **삼**나무, **가문**비나무, **편**백 등 **암기 TIP! 잎갈삼가문편 밀봉저장한다!**
- 밀봉저장 시 일반적인 함수율은 5~7%이하
- 밀봉저장 시 건조제 : 실리카겔, 나뭇재, 생석회, 산성백토(황토 (✗))

2 종자의 발아와 효율

1) 종자의 실중이란?

▶ **종자가 얼마나 충실한가를 무게로 측정하는 기준** 빈출

> 대립종자는 100립씩 4번 반복, 중립종자는 500립씩 4번 반복,
> 소립종자는 1000립씩 4번 반복측정하여 평균치로 나타낸다.

2) 종자의 발아

① **임목종자 발아에 필요한 필수 3요소 : 온도, 수분, 산소** **암기 TIP! 온수산**
② **임목종자 발아 4요소 : 온도, 수분, 산소 + 광선**
③ **주요 수종의 발아율**
- 해송(곰솔) 92%, 소나무 87%, 잣나무 64%,, 비자나무 61%
- 주목 55%, 전나무 25%, 박달나무 21%

기출유형

❖ **발아율이 높은 순서에서 낮은 순서로!**
  ▶ 해송 92% - 잣나무 64% - 낙엽송 40% - 박달나무 21%

3) 순량률이란?

작업 시료량에서 인편, 수지, 토사, 송진 등 협잡물과 불량종자를 뺀 순정종자의 비율을 나타낸 수치
- 순량율(%) = 순정종자량 / 작업시료량

4) 종자의 효율 암기 TIP! 종자의 효율은 순발력!

- **종자의 효율**(%) = **순량률**(%) × **발아율**(%)

기출유형

❖ **발아율 90%, 고사율 20%, 순량률 80%일 때 종자의 효율은?**
  ▶ 풀이 : 종자의 효율(%) = 순량률(%) × 발아율(%)
    = 80% × 90% = 0.8 × 0.9 = 0.72 = 72%

❖ **리기다소나무 종자의 협잡물을 제거하기 전 종자 중량이 27.70g, 협잡물을 제거한 후 중량이 24.49g, 발아율 87%일 때 종자의 효율은?**
  ▶ 풀이 : 순량율(%) = 순정종자량 / 작업시료량 = 24.49 / 27.70 = 88.4%
    종자의 효율 = 순량률(%) × 발아율(%) = 88.4% × 87%
    = 0.884 × 0.87 = 76.9%

3 발아검사와 발아촉진

1) 종자의 발아검사법

① 항온발아기법(기본적 방법), 환원법, 절단법, X선분석법
② 항온발아기로 발아력 검사 시 최적온도는 23도
③ 주요 수종별 요구 발아시험기간
- 14일 : 사시나무, 느릅나무
- 21일 : 가문비나무, 편백, 아까시나무
- 28일 : 소나무, 해송, 낙엽송, 자작나무, 삼나무, 오리나무
- 42일 : 전나무, 느티나무, 목련

④ **테트라졸륨** : 환원법에서 종자의 발아력 조사(test)에 쓰이는 약제로 충실한 종자는 적색을 띤다.
⑤ **발아세** : 발아 시험용 종자 중 가장 많이 발아한 날까지 발아한 총 종자수의 비율을 발아세라한다.
- 발아세(%) = 가장 많이 발아한 날까지의 종자수 / 발아 시험용 종자수 × 100

기출유형

❖ 100개의 종자를 발아시험한 결과 각 조의 평균이 다음과 같을 때 발아세는?

경과 일수	1	2	3	4	5	6	7	8	9	10	11	12	13	14
발아한 종자 수	0	0	3	7	10	35	5	5	3	4	2	1	0	1

▶ 풀이 : 가장 많이 발아한 날은 6일째이므로 3+7+10+35 = 55

발아시험용 총 종자 수는 100개이므로

발아세 = 가장 많이 발아한 날까지의 종자 수 / 발아시험용 종자 수 × 100

= 55 / 100 = 55%

2) 종자의 발아촉진

▶ **종자의 발아촉진법** : 노천매장, 건사저장, 고온저장, 온상매장 등이 있다.

기출유형

❖ 종자 발아촉진법에는?
▶ 종피파상법, 침수처리법, 노천매장법 (오답 : X선 분석법 (✗) - 발아검사법임)

- 노천매장 : 땅속 50~100cm 깊이에 모래와 섞어 묻어 종자를 저장하고, 종자의 후숙을 도와 발아를 촉진시키는 방법, 저장과 발아를 동시에!
  벚나무, 잣나무, 느티나무, 단풍나무, 호두나무, 섬잣나무, 은행나무, 들메나무, 목련, 백합나무, 백송 등에 적합
  [채종 직후 매장하여 장기간 노천매장]
- 은행은 채종 후 종자 보관 시 모래와 섞어 땅속에 묻는 보호저장법이 좋다.
- 단단한 종피가 있는 경우 충분한 후숙(後熟)으로 발아를 촉진시킨다.
- 곰솔의 암꽃눈 분화 시기 : 8월 하순~9월 상순
- 낙엽송의 암수 꽃눈 분화 시기 : 7월
- 일본잎갈나무(낙엽송)의 풍흉(豊凶)판단 기준 : 암꽃눈 비율

▶ **클론(Clone)이란?**
① 가지, 뿌리 등 영양기관의 일부로 만들어진 것.
② 접목이나 조직배양 등 무성번식을 통해 생성된 집합체이다.
③ 채종원 구성을 위한 최소 클론(clone) 수는 25클론 이상으로 한다.
④ 식재배열 시 주위에 같은 클론이 나타나지 않도록 심는다.
  (동일 클론간 수정에 의한 불량 종자 생산 방지)

3) 개화결실의 촉진 방법

① 환상박피
② 단근작업 (뿌리자르기)
③ 지베렐린 처리법
④ 전정

오답 : 배수체처리법 (✗), 질소비료 다량시비 (✗)

> **TIP! 기출 원포인트!**
>
> - 소나무는 수분된 지 약 **13개월** 후 수정한다.
> - 은행나무는 종자 조제 시 육질의 외종피를 제거하므로 **불완전 종자**라 할 수 있다.
> - 1년주기(격년주기)로 결실을 맺는 수종 : **소나무, 자작나무, 오동나무, 아까시나무**
> - **수형목** : 생장, 수형, 재질, 내병충성, 내건성, 내한성 등 형질 중 하나 또는 그 이상의 형질이 뛰어나게 좋은 우수한 유전자형을 가진 임목을 말한다. 인공동령림에서 수형목을 선발이 가장 용이하다.

4 묘목의 생산

1) 종자번식과 영양번식

- **종자번식(유성번식)** : 종자로 번식하는 실생번식 (실생묘 : 종자번식으로 얻은 묘목)
  번식방법이 간단하며, 품종개량 목적의 우량종 개발이 가능하다.
  변이 발생의 우려가 크며, 목본류의 경우 개화까지 기간이 길다.
- **영양번식(무성번식)** : 접목, 삽목, 취목 등 식물체의 일부분을 활용하여 번식하는 것을 말한다.
  종자번식에 비해 기술이 필요하며, 좋은 형질의 어미나무를 확보해야 한다.
  접목묘의 경우 개화결실이 촉진되며, 실생묘에 비해 대량생산이 어렵다.
  (영양번식묘 : 삽목묘, 취목묘, 접목묘)

2) 묘포지의 조건

① 교통이 편리하고 노동력이 집중되는 곳

② 일반적으로 경사가 5도 미만의 남향의 양지바른 곳

③ 조림지와 비슷한 환경일 것

④ 일반적으로 양토 또는 사질양토가 좋다

⑤ 관수와 배수가 양호한 곳

⑥ 토양의 화학적성질보다 물리적 성질이 중요하다.

⑦ 너무 비옥한 토지는 웃자람(도장)의 우려가 있으므로 피한다.

> **오답** : 토양의 화학적 성질보다 비옥도가 중요하다. (✘)

3) 묘포지의 토양산도

① 침엽수종 : pH 5.0~5.5

② 활엽수종 : pH 5.5~6.0

③ 산도조절방법 : 칼슘(Ca)을 이용한다.

4) 묘포의 구성

① 묘포는 포지, 부속지, 제지로 구성된다.
- 포지 : 묘목이 재배되는 곳으로 휴한지, 보도 등을 포함한다.
- 부속지 : 관리실, 창고, 퇴비사 등이 포함된다.
- 제지 : 계단식 경사지에 조성한 묘포를 뜻한다.

② 일반적으로 묘포에서 실제 묘목생산에 직접 사용하는 포지는 전체 묘포의 60~70%

③ 관수, 배수로 및 부대시설이 20%, 기타 퇴비사 등 부속지 소요면적이 10%를 차지한다.

5) 파종

▶ 묘목 종자는 파종 전 정지작업 후 파종상을 만들어 파종하며, 파종 후에는 묘목의 성장에 따라 판갈이 작업을 해준다.

① 파종상 만들기 : 묘상은 모종을 키우는 자리로 폭 1m, 길이 20m를 기준으로 한다.

② 파종시기
- 춘파 : 3월하순(남부지방), 4월 상순(중부지방)

  마지막 서리가 내리기 2주 전에 파종하는 것이 좋다.

- 추파 : 채종 즉시 파종하는 것으로 채파라고도 한다.

  포플러류 4~5월, 느릅나무, 나시나무 6월 하순, 회양목 7월 중순 ~8월 상순

  종자의 저장처리가 필요없어 노동력을 분배시킬 수 있다.

  우량한 묘목생산이 가능하다.

  종자의 수명이 짧아 발아력이 억제되기 쉬운 수종에 적합하다.

③ 파종량 : 제곱미터 당 생산 예정본수의 150%~200%가 발아될 수 있는 양을 파종한다.

기출유형

❖ 소나무 종자 1제곱미터 당 파종량은? 0.05L

일반적인 잣나무의 1제곱미터 당 파종량은? 350g

▶ 파종량(g) $W = \dfrac{A \times S}{D \times P \times G \times L}$

A : 파종면적(m^2) S : m^2당 남길 묘목 수

D : g당 종자입수   P : 순량률   G : 발아율   L : 득묘율

❖ 실제 파종해야 할 상면적이 100m^2, 가을에 가서 m^2당 남겨질 1년생 묘목의 수는 500본, 1g 당 종자의 평균입수 60립, 순량률 90%, 발아율 90%, 득묘율 0.3일 때 100m^2에 소요되는 파종량은?

▶ 파종량(g) $W = \dfrac{A \times S}{D \times P \times G \times L}$

A : 파종면적(m^2) S : m^2당 남길 묘목 수

D : g당 종자입수   P : 순량률   G : 발아율   L : 득묘율

$W = \dfrac{100 \times 500}{60 \times 0.9 \times 0.9 \times 0.3} = \dfrac{50000}{14.58} =$ 약 3,429g = 3.429kg

④ 파종방법 : 점뿌림(점파), 줄뿌림(조파), 흩어뿌림(산파)

　　　　　　참나무, 호두나무, 밤나무 등의 대립종자 파종 시 점뿌림(점파)

　　　　　　느티나무, 옻나무, 물푸레나무 등 발아력과 생장력이 강하며
　　　　　　해가림 필요없는 수종은 일반적으로 줄뿌림(조파)

　　　　　　고르게 흩어 뿌리는 산파는 파종은 쉬우나 제초, 단근, 굴취작업이 어렵고
　　　　　　주로 세립종자 파종에 쓰인다.

⑤ 복토 : 일반적으로 파종(씨뿌리기) 시 흙을 덮는 두께는 씨앗지름의 1~3배 정도로 한다.

6) 접목

① **접목이란** 두 가지 식물의 영양체의 형성층 조직을 서로 밀착시켜 유착하여 새로운 독립개체를 만드는 것으로 뿌리가 있는 것이 **대목**, 줄기와 가지가 될 지상부를 **접수**라 한다.

② **접목의 조건** : 가능한 종간 접목으로 친화력이 있는 것끼리 접목하며, 대목의 활동이 접수보다 앞서야 활착률이 높다. 대목으로는 생육이 왕성하고 병충해에 대한 저항성이 강한 수종으로 1~3년생 실생묘를 사용하고, 접수는 1년생지로 굵고 동아가 충실한 중간 부위가 좋다. (오답 : 대목은 여러해 자란 것일수록 좋다. (✗))

③ 접수는 접목하기 2~4주일 전에 따서 0~10도에 저장한다. (일반적으로 5도씨가 적당)

④ **접목(접붙이기)의 활착요인**
　• 대목과 접수의 친화성, 수목의 특성 및 온도와 습도가 잘 맞아야 활착률이 높다.
　• **접수는 휴면상태, 대목은 활동 개시 직후**가 접붙이기에 좋은 시기이다.

⑤ **접목의 종류**
　✓ 절접 : 가장 대중적 방법, 대목과 접수의 형성층을 맞대고 끈으로 묶어 고정
　✓ **눈접 : 대목의 수피에 T자형 칼자국을 내고 그 안에 접아를 넣어 접목하는 방법** 기출
　✓ 할접 : 소나무류, 낙엽활엽수 등 대목이 굵고 접수가 가는 경우 이용
　✓ 박접 : 접수보다 대목이 굵을 때 이용, 대목 굵기가 3cm 이상인 경우 적용

7) 삽목

① 삽목이란 꺾꽂이라고도 하며 식물체의 잎, 줄기 등 일부를 잘라 번식시키는 방법
② 번식에 이용하기 위해 잘라낸 부분을 삽수라 한다.
③ 삽수의 발근은 모수(어미나무)의 모수의 유전성, 모수의 연령, 삽수의 양분조건 등에 따라 결정된다.

  오답 : 모수의 생육조건 (✘)

④ **삽목의 적정 시기 : 3월 하순 ~ 4월 상순 (수액 유동 시기)**
  삽목이 늦을 경우, 뿌리 활착이 불량해진다.
⑤ **삽수의 채취부위** : 침엽수는 수관 아래쪽, 낙엽활엽수는 가지의 윗부분
⑥ **삽목이 비교적 잘되는 수종** : 측백나무, 개나리, 버드나무, 향나무, 주목, 포플러, 은행나무 등
⑦ **삽목이 비교적 어려운 수종** : 소나무류, 잣나무, 전나무, 참나무류, 가시나무, 오리나무, 밤나무, 느티나무, 벚나무
⑧ **삽목 발근 촉진제** : 루톤액, 인돌젖산, 인돌부틸산(IBA), 인돌초산(IAA), 나프탈렌초산(NAA)

8) 취목(휘묻이)

① 가지를 자르지 않은 상태로 뿌리를 내어 번식시키는 방법으로 '가지를 휘어서 묻는다'는 의미, 가지의 일부를 껍질을 벗긴 다음 땅 속에 묻어 뿌리를 내리게 하는 방법, 삽목에 불리한 경우 사용한다.
② **취목의 종류** : 단순취목(잘 휘는 가지), 단부취목, 공중취목, 파상취목 (파종취목 (✘))
③ **공중취목(고취법)** : 높이떼기라고도 한다. 가지 일부에 상처를 내고 발근촉진제를 바른 다음 물이끼 등으로 보습하여 뿌리를 내는 방법

5 묘목의 관리

1) 좋은 묘목의 조건

① 건전하게 자라며 조직이나 눈 또는 잎이 충실한 것

② 병해충과 동해 등 각종 재해에 대한 피해가 없을 것
③ 묘목을 생산한 종자나 삽수 등의 유전적 형질이 우수한 것
④ 잔뿌리가 많고 지상부와 지하부가 균형을 갖출 것

오답 : 잔뿌리가 적고 지하부보다 지상부가 더 발달할 것 (✗)

2) 판갈이 작업

① **묘목의 생육공간을 보장**하기 위해 다른 묘상으로 옮겨주는 **묘목 이식 작업**
② **판갈이 시기** : 3월 중하순(남부지방), 3월 하순~4월 중순(중부지방)
③ **1년생을 이식하는 수종** : 소나무류, 낙엽송, 삼나무, 편백
④ **1년생을 이식하지 않는 수종** : 잣나무, 전나무, 가문비나무

3) 해가림(인공적 광선차단 작업)

① **목적** : 지면으로부터 수분 증발로 인한 묘상의 건조 방지, 지표온도상승 방지
  음수의 정상적 생장, 강한 일광으로부터 어린 묘목을 보호
② **해가림이 필요한 수종** : 주로 음수, 잣나무, 전나무, 가문비나무, 주목, 낙엽송 등
③ **해가림이 필요없는 수종** : 아까시나무, 포플러나무, 소나무 등
④ **해가림의 제거 시기** : 8월 하순~9월 상순

4) 단근작업(뿌리자르기)

① **주목적 : 측근과 세근(잔뿌리)의 발달로 활착률을 높인다.**
② **시기** : 측근과 세근발달이 목적일 경우 5월 중순 실시
  삼나무, 낙엽송 묘목 등의 도장지(웃자란 가지) 제거 목적일 경우 8월 중순 실시
③ **상**수리나무, **졸**참나무, **굴**참나무 등 직근성 1년생 산출의 어린묘는 활착률을 높이기 위해 주근을 **단근**하는 것이 유리한 수종이다. **암기 TIP!** 상졸굴은 단근한다.
④ 반면, 전나무, 느티나무, 전나무, 편백, 삼나무 등 **천근성 수종의 1년생 산출묘는 단근하지 않는다.**

5) 묘목의 연령표시 방법

① 파종상에서의 연수을 앞에 쓰고, 옮겨심은 경우 판갈이상에서 지낸 연수를 뒤에 쓴다.

- **1-0 묘** : 처음 1년동안 파종상에서 지낸 묘목을 뜻한다.
- **1-1 묘** : 파종상에서 1년을 보낸 다음 판갈이하여 다시 1년이 지난 만 2년생 묘목
- **2-0 묘** : 이식된 적 없이 파종상에서 그대로 2년을 지낸 2년생 묘다.
- **2-1 묘** : 파종상에서 2년, 판갈이상에서 1년을 지낸 3년생 묘
- **2-1-1 묘** : 파종상에서 2년을 보낸 후 1년씩 두 번 이식한 4년생 묘목

② 삽목묘는 C, 접목묘는 G로 표시하며, 뿌리의 나이를 분모로, 줄기의 나이를 분자로 표시한다.

- **C 1/2 묘** : 뿌리가 2년생, 줄기가 1년생인 삽목묘
- **C 0/2 묘** : 뿌리가 2년생, 줄기가 없는 삽목묘
- **G 1/2 묘** : 뿌리가 2년생, 줄기가 1년생인 접목묘

6) 묘목의 선발기준

① 간장(줄기길이), 근원경(근원직경), H/D율을 기준으로 묘목을 선발한다. (흉고직경 (✘))
② 간장(줄기길이) : 근원경에서 원줄기의 꼭지눈까지의 줄기길이(cm)
③ 근원경(근원직경) : 지표면에서 측정한 줄기의 지름(mm)

기출유형

❖ 낙엽송 1-1묘 근원경 표준규격은?
▶ 6mm 이상

④ 근원경 대비 간장 비율(H/D율) : 근원직경 대비 줄기길이의 비율, 낮을수록 다부지며, 생존율이 높다.
⑤ 묘목 검사 시 모집단의 품질 조사결과 불합격묘가 5%를 초과할 때 재선별한다.

7) T/R율(Top / Root)이란?

① **묘목의 지상부와 지하부의 중량비이다.**
② 좋은 묘목은 지하부와 지상부가 균형을 이루어 발달해 있다.
③ 일반적으로 T/R율이 1.0~1.5인 경우 묘목의 뿌리상태가 가장 좋다.
④ 질소질 비료를 과용하면 지상부가 웃자라 T/R율 값이 커진다.

> 기출오답 : T/R율이 클수록 좋은 묘목이다. (✘)

6 묘목의 굴취와 포장 및 식재

1) 묘목의 굴취

① 굴취란 이식(옮겨심기)을 위해 나무를 땅에서 파내는 작업으로 **묘목의 굴취는 대부분 이른 봄 해빙이 될 때 실시한다.**
② 굴취 시 뿌리에 상처가 나지 않도록 조심한다.
③ 굴취 시 포지에 어느정도 습기가 있을 때 작업한다.
④ 굴취된 묘목은 건조를 막기위해 일시적으로 가식을 한다.
⑤ 굴취는 바람이 없고 서늘하고 흐린 날이 좋다.

> 기출오답 : 이슬이 마르지 않은 새벽에 실시 (✘)

2) 묘목의 포장 (곤 → 속 → 본)

① 곤포(packing) : 묘목을 식재지까지 운반하기 위해 알맞은 크기로 포장하는 작업
② 묘목포장 시 건조방지제로 물수세미를 사용할 때는 짚인 경우 곤포당 최소 4kg이상 넣는다.
③ 속당본수 : 묶음별 그루수를 말한다.
④ 잣나무, 오리나무, 자작나무 등 대부분 속당본수는 20본이다. (밤나무, 포플러는 10본)
⑤ 낙엽송 2년생 묘목포장 시 속당본수와 곤포당 속수 : 속당본수 20본, 곤포당 속수 25속
⑥ 곤포당본수 = 곤포당속수 × 속당본수

3) 묘목의 운반 시 주의사항

① 묘목은 포장 당일 식재지로 운반하는게 좋다.
② 묘목 운반 시에는 바람과 햇볕에 노출되어 **건조되지 않도록 가장 먼저 주의**한다.

4) 묘목의 가식 시 주의사항

① 가식은 묘목을 땅에 잠시 뿌리를 묻어두는 것으로, 운반도중 약해진 묘목을 회복시키기 위해서 한다.
② 가식장소 : 배수가 잘되는 곳, 사양토나 식양토가 좋으며 모래땅은 피한다.
③ 묘목가지 끝부분이 향하는 곳 : 봄에 가식 시 - 북쪽을 향한다. 가을 가식 시 - 남쪽을 향한다.
④ 가식기간이 길지 않을 때는 다발채로 흙에 묻는다.
⑤ 오랜기간 가식할 때는 다발을 풀고 낱개로 펴서 묻는다.
⑥ 지제부가 10cm 이상 묻히도록 가식한다. (but 묘목전체를 묻는다. (✘))

5) 묘목의 식재

① 묘목 식재 시 유의사항

- 구덩이 속에 지피물, 낙엽 등이 유입되지 않도록 한다.
- 구덩이를 팔 때는 유기질이 많은 흙은 별도로 모아둔다.
- 묘목의 뿌리를 구덩이 속에 넣을 때 뿌리를 고루 편다.
- 흙을 70%가량 채우고난 후 묘목의 끝쪽을 쥐고 약간 위로 올리면서 뿌리를 자연스럽게 편다.
    - **기출오답** : 식재지점 표면의 지피물(풀이나 가지)은 구덩이 밑에 넣는다. (✘)

② 식재시기 : 일반적으로 묘포에서 양성된 묘목의 봄철 식재시기는

온대남부는 2월 하순부터, 온대중부는 3월 상순부터

③ 식재방식

- 정방형 식재 : 묘간거리와 열간거리가 같은 식재방법(정사각형)
- 장방형 식재 : 묘목 간, 줄 간 간격을 서로 다르게 하여 식재하는 방법(직사각형)
- 정삼각형 식재 : 정삼각형의 꼭지점에 묘간거리가 같도록 식재

묘목 1본 차지면적은 정방형식재의 86.6%, 묘목 본수는 약 15% 증가

④ **식재밀도** : 장기 용재수 1ha당 3000본 / 단벌기 작업용 1ha 당 1만~2만본
　　　　　　침엽수 1ha 당 3,000본 / 활엽수 ha 당 5,000 ~ 6,000본
　　　　　　(예) 묘목 1.8m × 1.8m 정방형식재의 1ha 당 묘목 본수는?
　　　　　　　　1ha는 10,000 제곱미터이므로
　　　　　　　　10,000 제곱미터 / 1.8 × 1.8 = 3,086본

⑤ **식재순서** : 지피물 제거 - 구덩이 파기 - 묘목 삽입 - 흙채우기 - 다지기

6) 파종조림

① **파종조림**은 종자를 직접 파종하여 임분을 조성하는 것으로 발아가 쉽고 결실량이 많은 **소나무, 해송, 참나무류, 신갈나무, 상수리나무** 등의 수종에 적합하다.
　(단풍나무, 낙엽송, 전나무, 가문비나무 등에는 부적합)
② 파종조림의 성과는 수분, 서리 및 동물에 의한 피해 등에 영향을 받는다.

7) 포트묘(용기묘)

① 묘목을 일반적인 노지가 아니라 특수용기에 집약적으로 키우는 것으로 뿌리의 발육이 좋아 속성 양묘에 적합하다.
② 장점 : 입지나 기후의 영향이 적고 인건비 절감 및 생산기간을 단축시킬 수 있다.
　　　　초기생장이 빠른 수종에 적합하다.
　　　　제초작업이 생략될 수 있다.
　　　　묘표의 적지조건, 식재시기 등이 문제가 되지 않는다.
③ 단점 : 묘목의 운반과 식재에는 일반묘에 비해 비용이 더 많이 든다.
　　　　초기 생장이 느린 침엽수류의 경우 잡초목 제거 및 관리에 과다한 인력이 소모된다.

8) 조림 수종의 선정

① **선정 기준** : 목재의 이용가치가 높을 것, 생장이 빠르고 줄기의 재적생장(부피성장)이 클 것, 가지가 가늘고 원줄기가 곧고 짧은 수종, 눈, 바람, 건조, 병해충에 대한 저항력이 클 것

② **장기수 (오랜기간 자라서 큰 목재를 생산하는 수목)에 적합한 수종**
  : 리기테다소나무, 해송, 스트로브잣나무, 잣나무, 전나무, 낙엽송, 삼나무, 편백 등

③ **속성수로 적합한 수종** : 포플러나무, 현사시나무, 오동나무 등

④ **유실수** : 밤나무, 호두나무

⑤ **외래 도입 수종** : 낙엽송(일본), 삼나무(일본), 오리나무(일본), 편백(일본), 리기다소나무(미국), 낙우송(미국), 플라타너스(미국), 아까시나무(미국), 독일가문비(유럽), 히말라야시더(아프가니스탄)

TIP! 빈출 POINTS

① **사방조림(황폐한 산지에 대한 식생피복)에 적합한 수종** : 아까시나무
② **해안가 방풍림 조성에 적합한 수종** : 곰솔(해송)
③ **리기테다소나무** : 리기다소나무와 테다소나무의 교잡종으로 내한력과 재질이 우수하여 중부 이북 지방을 제외한 전국에 식재를 권장하며, 우리나라에서 인공적으로 교배하여 얻어진 1대 잡종에 속한다.
④ **편백** : 잎 이면에 Y자 모양의 흰 기공선을 가지고 있다.
⑤ **해송** : 수피가 검고 겨울눈이 흰색을 띈다.

숲가꾸기(무육(撫育))

1 인공림과 천연림

1) 숲가꾸기(무육(撫育))란?

① 인공림이나 천연림에 대하여 가지치기, 어린나무가꾸기, 솎아베기(간벌), 천연림보육 등을 통해 숲의 건강을 증진시켜 임지의 산림의 질적, 양적 생산능력을 고도로 높이고자 하는 작업으로 **풀베기, 덩굴치기, 제벌(잡목솎아베기), 가지치기, 간벌(솎아베기)작업** 등이 무육작업에 속한다.
② 산림무육의 목적은 임상의 정리, 임목의 생장촉진, **나무의 형질향상**(병해충 방제 (✘))이다.
③ 재적생장과 재질향상을 목적으로 하는 **임목무육**과 지력유지 및 증진 목적의 **임지무육**으로 나뉜다.
④ **치수무육(유령림의 무육)** : 어린나무 가꾸기로 불량목을 제거하여 치수의 생육공간을 **충분히** 제공하기 위해 실시한다.

2) 무육작업의 순서

풀베기 - **덩**굴치기 - **제**벌 - **가**지치기 - **간**벌 암기 TIP! **풀덩제가간**

① **풀베기**
- 대개 어린나무가 자라서 갱신기에 이를 때까지 나무의 자람을 돕기 위해 6~8월 중에 실시하며, 보통 9월 이후에는 조림목을 보호하는 기능이 있어 하지 않는 것이 좋다.
- **시기 : 6~8월**

❖ **풀베기의 종류**

✓ **모두베기(전면깎기)** : 조림지 전면에 해로운 지상식물을 깎는 방법, 주로 광선요구도가 높은 양수조림지에서 실시하며 땅힘이 좋은 곳(비옥한 토지)에서 실시한다. (북부지방에서 실시한다. (✗))

✓ 모두베기는 지력이 좋고 수분이 많아 잡초가 무성하고 기후가 온난한 임지의 6년생 소나무 조림지에 적합하다. `기출`

✓ 모두베기는 다른방식에 비해 식재목과 토양에 나쁜 영향을 준다. (토양침식) `기출`

✓ **줄베기** : 어린나무가 자람에 따라 모두베기에서 줄베기형태로 바꾸어 가는데 일반적으로 가장 많이 사용되는 풀베기 방식. 식재열을 따라 약 1m폭으로 잘라내므로 노력과 경비를 절감할 수 있다. 바람과 추위 피해가 자주 발생하는 지역에 적합하다.

✓ **둘레베기** : 강한 음수 수종 또는 찬바람과 추위 보호목적으로 실시. 주로 집단으로 조성된 군상식재지에 적용 시 풀베기면적을 50~60% 감소시킬 수 있는 방법이며 조림목 주변을 반경 0.5m가량의 정사각형이나 원형으로 잘라내는 방식이다.

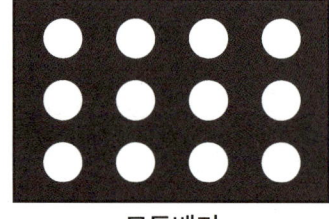
모두베기

줄베기

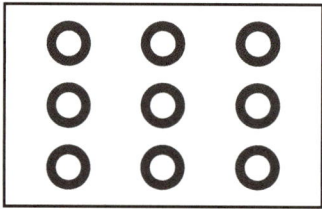
둘레베기

❖ 색칠된 부분을 베어낸다.

② 덩굴치기

✓ 덩굴식물은 조림목의 수관을 덮거나 감아 생장을 방해하고 수형을 망가뜨려 피해를 준다.
✓ 덩굴은 대체로 햇빛을 좋아하며 움돋는 첫해에는 빈약하나 3년에 지나면 세력이 왕성해진다.
✓ 덩굴을 잘라도 쉽게 제거되지 않는다.
✓ 물리적인 덩굴제거 작업은 보통 뿌리속에 저장한 양분을 소모한 직후인 7월경이 적당하다.
✓ 화학약제에 의한 덩굴류 제거작업
- 디캄바액제(반벨) : 칡, 아까시나무, 콩 등 콩과식물을 비롯한 광엽잡초에 적용
- 글리포세이트(근사미) : 비선택적 제초제로 뿌리까지 죽일 수 있어 우리나라 산지에서 수목에 가장 많은 피해를 주는 덩굴식물인 칡덩굴 제거에 사용된다.
- 글라신액제 : 잎과 줄기에 살포하여 덩굴을 제거한다.

③ 제벌(잡목 솎아내기 : 除伐) [= 어린 나무 가꾸기]

✓ 제벌은 조림목 외의 수종을 제거하고 조림목 중 형질이 불량한 나무를 벌채하는 무육작업
✓ 시기 : 여름 ~ 초가을, 밑깎기(풀베기)가 끝난 2~3년 뒤부터 실시
✓ 목적 : 목표로 하는 수종을 원하지 않는 수종으로부터 보호하기 위한 기초확보 (생장촉진 (✗))
✓ 제거대상목 : 열등형질목, 폭목, 유해수종, 침입목 및 가해목, 밀생목 등 (하층식생(✗))
✓ 제벌작업은 토양의 수분관리, 임내의 미세환경 등을 고려하여 낫, 톱, 도끼 등으로 작업한다.

✓ 제벌작업 시 제거 대상 기출

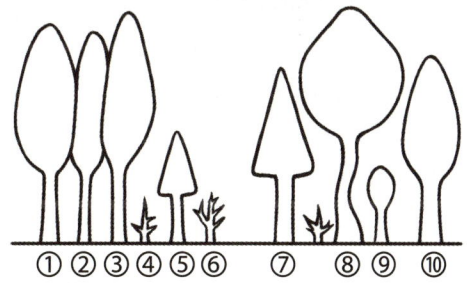

정답 : ② ⑧

④ **가지치기**
  √ **주목적 : 우량 목재 생산**
  √ 가지치기를 통해 **산림화재의 위험성을 줄이고, 하목생장을 촉진**시키며, 수간의 완만도를 높일 수 있다. 하지만 **줄기에 부정아가 생겨 미관이 나빠지는 단점**이 있다.
  √ **가지치기 시기 : 늦가을부터 초봄(11월~3월)까지**가 가지치기에 적당한 시기
  　　　　　　(생장을 멈추는 생장휴지기)
  　　　　　　생장기에 작업 시 수피가 벗겨지는 피해가 발생할 우려가 있다.
  　　　　　　(생장이 왕성한 여름에 실시 (✘))
  √ 가지치기는 수종 및 경영목적에 따라 결정한다.
  √ 가문비나무류는 상처에 부후(腐朽)위험이 있으므로 죽은 가지와 쇠약한 가지만 자른다.
  √ 삼나무나 편백의 장령림 가지치기는 나무높이의 3/5(cf. 유령림은 나무높이의 1/2)
  √ 포플러나무의 가지치기 : 6~7년생의 적당한 가지치기 작업정도는 나무높이의 1/3

  √ 침엽수의 가지치기

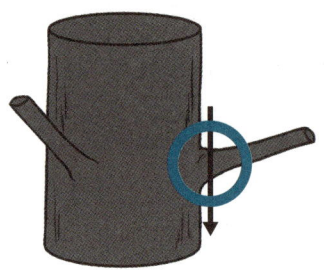

　　- 절단면이 줄기와 평행하게 되도록 자른다.

✓ 활엽수의 가지치기

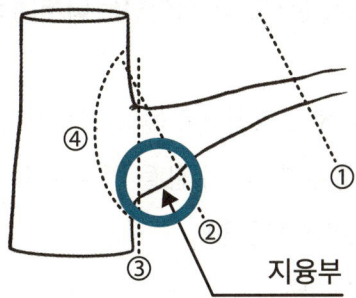

- 활엽수의 적당한 가지치기 부위는 ②
- 활엽수는 지륭부가 형성되므로
  고사지는 캘러스(callus) 형성 부위에 가깝게 하되 캘러스가 상하지 않도록 한다.
  살아있는 가지는 지융부에에 가깝게 제거

✓ 올바른 가지치기의 단계

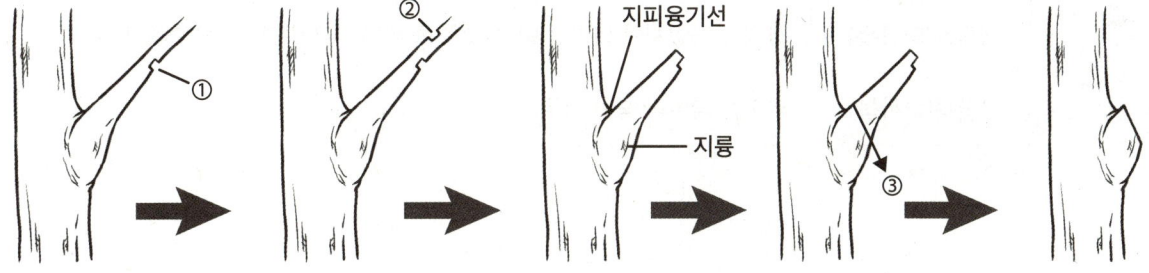

⑤ 솎아베기(간벌(間伐))

✓ 나무들이 적당한 간격을 유지하여 잘 자라도록 불필요한 나무를 솎아 베어 내는 것으로 임분 **구성을 조절**하기 위한 목적으로 실시된다. **남아있는 나무에 더 넓은 공간을 주어 지름생산을 촉진**하고 숲을 건전하게 한다.

✓ 간벌의 효과 : 벌기 수확이 질적, 양적으로 높아진다. 생산될 목재의 형질 향상, 벌기가 되기 전 조기에에 간벌수확(중간수입)을 얻을 수도 있다.

✓ 주요 수종의 간벌의 시기(간벌개시임령)
 - 소나무, 낙엽송, 잣나무 : 15년
 - 편백, 전나무, 가문비나무 : 20년

〈수형급의 분류〉

우세목	1급목(우세목)	수관의 발달이 이웃 나무 때문에 방해된 적이 없으며, 확장되거나 기울어지지 않고 수관형태에 이상이 없는 나무
	2급목(준우세목)	수관의 발달이 이웃 나무에 의해 방해되거나, 줄기생장이 기울며 형태가 불량한 나무 (상층임관을 구성하고 병해를 받은 수목은 2급목에 해당한다.)
열세목	3급목(개재목)	수관과 수간형은 정상이지만 생장이 다소 늦어진 것으로 이웃 나무가 제거되면 상층목으로 발달할 소질이 있는 나무
	4급목(피압목)	아직 살아있지만 피압을 받아 장차 좋은 나무로 발달할 여지가 없는 나무
	5급목(고사목)	넘어진 나무나 죽은 나무

<간벌의 종류>

하층간벌	A종	[하층약도간벌] 4급, 5급목만 전부 벌채하고 주요 임목은 손대지 않음 데라사키식 간벌에 있어 간벌량이 가장 적은 간벌방식
	B종	[하층중도간벌] 4급, 5급목 전부를 벌채, 3급목 일부와 2급목 상당수 벌채 가장 널리 이용되는 방법으로 3급목이 임분의 주요 구성인자가 되고 1급목이 비교적 적은 곳에서 적용
	C종	[하층강도간벌] 2급, 4급, 5급목의 전부를 벌채, 3급목 대부분과 1급목 일부를 벌채하는 간벌량이 가장 많은 하층간벌방식
상층간벌	D종	[상층약도간벌] 상층수관을 강하게 벌채하고 3급목을 남겨서 수간과 임상이 직사광선을 받지 않도록 하는 간벌 형식
	E종	[상층강도간벌] 1급목 일부만 자른다. 2급목 모두 자른다. 3급목, 4급목은 자르지 않는다.

택벌식간벌	잔존목의 충분한 생육공간 제공과 조기 수확 목적으로 1급목 중 가장 큰 것이나 혹은 1급목의 전부와 5급목 전부를 벌채하는 방법
기계식간벌	수형급에 관계없이 미리 정해진 간격에 따라 남겨 둘 임목만 제외하고 모두 벌채하는 방법, 주로 밀도가 높은 어린 임분에 적용함

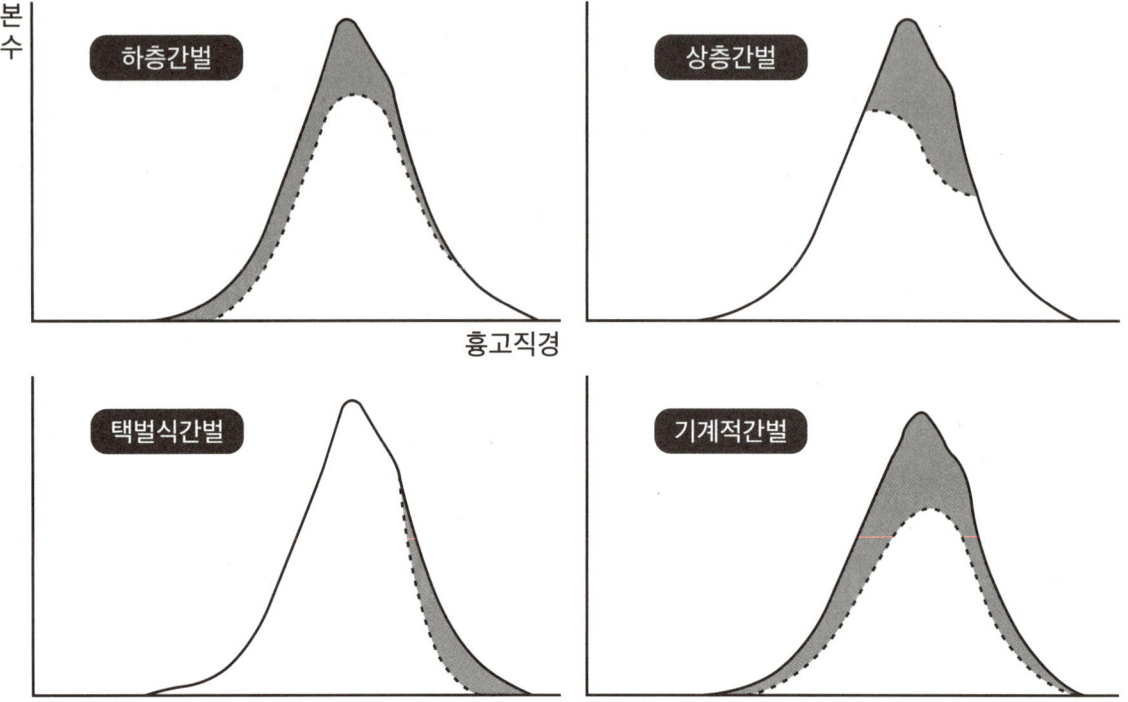

〈간벌 방식에 따른 경급(흉고직경)분포. 단 모두 동령림이며 색칠된 부분을 간벌한다.〉

- ✓ **간벌대상목** : 가늘고 긴 불량목, 고사목 및 피해목, 피압목 등 우량목의 생육에 장해가 되는 나무
- ✓ **도태간벌** : 우리나라에서 실시되는 간벌의 형태로 우수한 자질의 나무를 미래목으로 선발한 후, 미래목의 생장에 방해가 되는 나무를 솎아내는 방법
- ✓ **미래목** : 도태간벌 이론 상 수목사회적 위치(피압을 받지 않는 나무), 건전성, 형질 등이 가장 우수한 나무로 선발된 최종수확목으로 남겨지는 나무, 혼효림인 경우 목적수종을 미래목으로 선정한다.
- ✓ **미래목의 조건** : 적정 간격을 유지할 것, 수간이 곧고 수관폭이 좁을 것, 상층임관을 구성하고 건전할 것 (주위 임목보다 월등히 수고가 높을 것 (✖))

2 임지시비와 비료목

1) 임지비배 관리(임지시비 / 비료주기)

① 임지시비

- 주로 가지치기나 간벌직후에 임지에 비료주기를 실시하는데 임목의 근계 발육이 빨라지고, 건조 저항성도 증대된다.
- 숲이 빨리 울창해져 겉흙의 유실을 막고, 풀베기기간이 단축되며 낙엽량이 증가하여 숲땅의 성질 개량에 도움을 준다.
- 임지비배 시 낙엽 채취는 임지 내의 양료탈취 외에 수분 및 표토유실에도 나쁘다.
- 임지는 자체 시비계가 형성되어 있어 잘 관리를 해주면 시비를 하지 않아도 된다.
- 임지용 비료에는 고형복합비료를 사용한다.
- 시비는 임지 보호를 위해 수관아래 비료와 내음성 수종을 식재하는 하목식재와 관련이 있다.

  오답 : 풀베기 기간이 길어진다. (✘), 하목식재와 무관하다. (✘)

② 임지시비 요령

- 식혈시비 : 식혈 토양에 비료를 섞는 방법
- 측방시비 : 나무를 심고 나서 바로 또는 몇 달 뒤에 비료는 주는 것으로, 묘목의 줄기를 중심으로 가장 긴 가지의 길이를 반지름으로 하는 원둘레에 5cm~10cm 깊이로 구멍을 파고 측방으로 시비하는 방법, 측방시비가 식재목의 생장이나 활착율을 높이는 것으로 알려져 있다.

2) 비료목

- **임지의 생산력 유지를 위해 보조적으로 심는 나무**
  비료목으로는 아까시나무, 자귀나무, 싸리나무, 칡 등 콩과수목과 보리수나무 등이 적당하며 소나무, 전나무, 삼나무 등은 적합하지 않다.

3) 수하식재(하목식재)용 수목

① 수하식재는 표토의 건조방지, 지력증진, 화폐화와 유실을 방지하고자 주임분 아래에 내음성이 강하고 낙엽량이 많은 수종을 심는 것을 말한다.

수하식재는 통해 미세환경을 개량하는 효과가 있으며 주임목의 불필요한 가지 발생을 억제하는 효과도 있다.

② 조림지의 하목 식재용 수종의 구비조건
- 내음성이 강할 것
- 작은 나무라도 이용가치가 있을 것
- 뿌리혹 박테리아에 의해 토양에 질소분을 증가시킬 수 있는 수종일 것
- 가지가 밀생하고 수분보존력이 뛰어날 것

  오답 : 양수수종으로 척박지에 잘 견딜 것 (✘), 가지가 적어 양지를 만들어 줄 것 (✘)

기출유형

❖ **우죽덮기란?**
▶ 나무의 잔가지나 임지에 자라는 관목 등을 잘라 임지의 표면을 덮어주는 것으로 잡초 발생을 억제하고 임지의 건조를 방지하며 임지의 침식과 유실을 방지한다.

  오답 : 낙엽 낙지의 영향으로 병해충이 발생한다. (✘)

산림갱신

1 산림 작업종

1) 산림작업종이란?

① 작업종은 일반적 조림원칙에 따라 임분의 전 생육기간을 통하여 가해지는 모든 조림적 조치(Silvicultural treatment) 즉, 임분을 조성, 무육, 수확, 갱신하기 위한 조림기술적 개념(조림방식)이자 계획 프로그램을 말한다. 따라서 천연적 또는 인공적으로 산림을 갱신 또는 조성하는 의미의 갱신법보다는 그 범위가 넓다.

② 일반적 조림원칙에 따라 일정한 양식을 구성하고 작업종을 분류하기 위하여 갱신에서부터 **교림**(喬林, High forest : 종자로 양성된 실생묘나 삽목묘로 만들어진 숲), **중림**(中林, Middle forest : 교림과 왜림이 한 임분에 형성된 숲), **왜림**(矮林, Coppice forest : 줄기를 자른 그루에서 맹아가 생겨나 만들어진 숲)의 명확한 특징이 있는 구조형태가 나타난다.

③ 작업종은 산림을 생산하기 위한 기술적 경영방식이며 작업체계(Working system) 내지는 생산방식이라고도 할 수 있다.

④ 산림작업종의 분류
- 산림작업종을 분류하는 기준은 **임분의 기원, 벌채종, 벌구의 모양과 크기**이다.
- 작업종은 **임분의 기원**에 따라 **교림, 중림, 왜림**으로 나누고 **벌채종**에 따라 **개벌, 택벌, 산벌** 등으로 나누며, **벌구의 모양과 크기**에 따라 **대벌구, 소벌구**로 나눈다.

- **개벌** : 모든 나무를 비교적 짧은 일시에 벌채되고 새로운 임분이 대를 잇는 것
- **산벌** : 몇 차례의 벌채를 통해 임목을 수확함과 동시에 갱신이 이루어지는 방법
- **택벌** : 성숙하여 벌채 연령에 도달한 성숙목을 한그루 혹은 몇그루씩 부분적으로 벌채하여 항상 일정한 임상이 유지되도록하는 방법으로 수확을 지속적으로 할 수 있다.

2 천연갱신과 인공갱신

1) 천연(하종)갱신

① 천연갱신이란 인위적으로 묘목을 식재하는 것이 아니라 **자연적으로 떨어진 종자나 맹아를 이용하여 후계림을 생성**하는 것을 말한다.

② **천연하종갱신의 특징**
- 그 임지의 기후와 토질에 가장 적합한 수종이 생육하게 되므로 각종 위해에 대한 저항력이 크며, 어린 치수는 모수의 보호를 받아 안정된 생육환경을 제공받을 수 있다.
- 임지가 나출되는 일이 드물며 적당한 수종이 발생하고 또 혼효되기 때문에 숲과 땅을 보호하고 지력유지에도 적합하다.
- 경비가 거의 들지 않는다.

  오답유형 : 천연갱신은 인공조림에서와 같은 수종 선정의 잘못으로 실패우려가 크다. (✘)
  천연갱신을 통해 생산된 목재는 균일하다. (✘)

③ **보안림, 휴양림에는 천연갱신이 적합**하다.

④ **천연갱신이 가능한 침엽수종 : 소나무류, 잣나무, 전나무, 가문비나무** 등

❖ **천연갱신의 예**
- ✓ 씨앗이 새나 짐승에 의해 땅에 떨어져 싹이 나오는 것
- ✓ 나무의 씨앗이 자연적으로 땅에 떨어져 새로운 어린 나무가 자라게 되는 것
- ✓ 벌채한 나무의 그루터기에서 맹아가 나오는 것

  오답 : 사람이 직접 씨앗을 뿌려 숲을 만드는 것 (✘)

2) 인공갱신(인공조림)이란?

① 천연갱신에 비교되는 개념으로 **종자를 파종하여 묘목을 기른 후 무육작업에 힘을 쓰는 등 후계림 성립에 있어 인공적 조림수단에 의하는 것**을 말한다.

② 인공조림은 **개벌적지에 재조림 시, 무임목지 조림 시, 향토 이외 수종 조림 시** 이용한다.

③ 인공갱신은 천연갱신에 비해 조림과 **보육에 경비가 많이 들어가며, 조림 실패의 위험이 더 크다.**

④ 동령림과 이령림
- **동령림** : 수목의 나이(수령 樹齡)가 비슷한 임목으로 구성된 산림
- **이령림** : 수목의 나이(수령 樹齡)가 각기 다른 임목으로 혼합 구성된 산림
- 동령림은 이령림에 비해 비교적 갱신이 짧은 시간내에 이루어진다.

3 갱신 작업종

1) 개벌작업

① 개벌작업의 특징
- 개벌작업이란 갱신을 목적으로 일정구역 내 입목 전체를 모두 벌채하는 작업종을 말한다.
- 대면의 임분이 일시에 벌채되기 때문에 갱신 후 동령림으로 구성된다.
- 현존하는 임분 전체를 1회 벌채로 모두 제거하고 그 자리에 인공식재, 파종, 천연갱신에 의해 후계림을 조성하는 방법으로 주로 인공조림이 갱신의 주요 방법으로 적용될 수 있다.
  또한 현재 리기다소나무로 조성되어있는 숲을 잣나무 숲으로 전면갱신 할 때 가장 적합한 작업종이라 할 수 있다.
- 주로 양수 수종의 갱신에 적합하며, 개벌작업 시 형성되는 임분은 대개 단순림이다.
- 개벌작업은 작업이 복잡하지 않아 시행하기 쉬운 편이다.
- 작업이 한 지역에 집중되어 간편하고 경제적으로 진행될 수 있다.

② 개벌작업의 종류
- **군상 개벌작업** : 기복이 심한 임지나 지세가 험할 경우 산림 내 군상의 소면적으로 개벌지를 만들어 하종갱신시키는 방법, 치수가 생장함에 따라 4~5년 간격으로 점점 바깥쪽으로 다음 군상지를 벌채한다.
- **대상 개벌작업** : 삼림을 띠 모양으로 나누고 구획하여 개벌하는 방법

기출예시

❖ 어떤 삼림을 아래와 같이 띠 모양으로 나누고 2017년에 A의 ①과 B의 ①을 벌채 이용하고, 2022년에 A의 ②와 B의 ②를 각각 모두 벌채하였다면 이는 무슨 작업종인가?

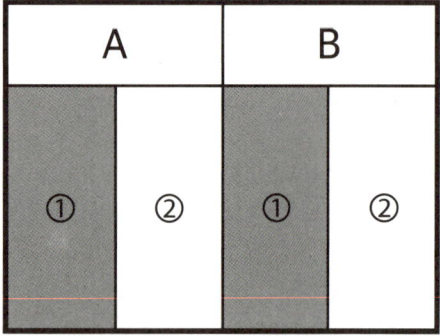

▶ 정답 : 대상 개벌작업

- **교호대상 개벌작업** : 수풀을 띠 모양으로 구획하고 2번의 개벌을 교대로 실시하여 갱신을 끝내는 벌채 방식, 아래 그림과 같이 1조 2대인 임형에서 가장 알맞은 벌채방식이다.

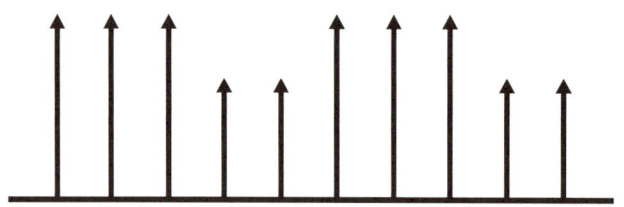

- **연속대상 개벌작업** : 띠의 수를 늘려 벌채와 갱신을 동시에 실시하는 방법

- **대면적 개벌 천연하종갱신의 장점**
  - 양수의 갱신에 적용될 수 있다.
  - 작업실행이 용이하고 빠르게 될 수 있다.
  - 동일 규격의 목재 생산으로 경제적으로 유리할 수 있다.
  - 오답 : 동령 일제림으로 병해충 및 위해에 강하다. (✘) - 임지 황폐화와 지력저하 발생

2) 모수작업 (어미나무 작업)

① 모수작업은 성숙한 임분을 대상으로 벌채를 실시할 때 **모수가 되는 임목을 산생시키거나 군상으로 전 재적의 약 10%를 남겨두어 갱신에 필요한 종자를 공급하게 하고 그 밖의 임목(전 재적의 약 90%)은 개벌하는 갱신방법으로 양수수종 갱신에 적합**하다.
② 남겨진 모수(어미나무)는 종자 공급 후 갱신이 끝나면 벌채된다.
③ 모수작업에 의해 갱신된 임분은 동령림 형태이다.
④ 벌채작업이 한 지역에 집중되므로 작업이 간단하고 경제적이다.
⑤ 남겨질 어미나무의 종류를 조절하여 수종의 구성을 변화시킬 수 있다.
⑥ 양수수종 갱신에 적합하며 소나무의 갱신 시 치수가 발생하면 풀베기를 해준다.
⑦ 종자가 비교적 가벼워 잘 날아갈 수 있는 수종에만 적용될 수 있다.(소나무, 해송)

3) 보잔목작업

- 윤벌기까지 어미나무를 보존하는 모수작업의 변법을 보잔목작업이라 한다.
- 보잔목작업 역시 모수작업과 비슷한 과정으로 작업하며 종자가 비교적 가벼워 잘 날아갈 수 있는 수종에만 적용될 수 있다.

4) 산벌작업 (우산베기 작업)

① 산벌작업은 **비교적 짧은 기간 동안에 몇 차례로 나누어 베어내고 마지막에 모든 나무를 벌채**하여 숲을 조성하는 방식, **갱신 후의 숲은 동령림**으로 취급한다.
② 천연하종갱신이 가장 안전한 작업법으로 **예비벌, 하종벌, 후벌의 순서로 갱신되는 작업종**이다.
③ **음수수종 갱신에 잘 이용**될 수 있으며, 극양수를 제외하고 양수수종 갱신도 가능하다.
④ 수풀이 아름다우며 숲 땅의 생산력을 보호하는데 이롭다.
  하지만 후벌 시 어린 나무가 보호되지 않는 단점이 있다.

⑤ **산벌작업의 단계 [예비벌 - 하종벌 - 후벌]** 암기 TIP! 예하후!
  - **예비벌** : 식생의 발생준비를 위한 작업으로 임목의 결실을 촉진 시키는 벌채이다. 유령림 단계에서부터 집약적으로 관리된 임분이나 솎아베기가 잘 된 임지의 경우에는 **예비벌을 생략 가능하다.**

- **하종벌** : 치수의 발생을 완성하는 벌채작업으로 예비벌 실시 후 3~5년 경과 후 종자가 충분히 성숙되었을 때 하종벌을 실시하여 다량의 종자를 낙하시켜 한꺼번에 발아시킨다.
- **후벌** : 어린나무(치수)의 발육을 촉진하는 벌채작업으로 어린나무의 높이가 1~2m 가량이 되면 위층에 있는 나무를 모조리 베어 버리는 벌채 방법, 후벌의 마지막을 종벌이라고 하며 **산벌작업의 갱신기간**은 치수의 발생을 완성하는 **하종벌부터 종벌까지**를 뜻한다.

5) 택벌작업

① 택벌작업은 산림생태계의 안정적 유지를 위해 **전구역을 몇 개의 벌채구로 구분하여 순차적으로 벌채해 나가는 방법**으로(순환택벌) 처음 구역으로 돌아오는데 소요된 기간을 **회귀년**이라 한다.

② 택벌작업은 갱신기간에 제한이 없고 성숙임분만 일부 벌채된다.
  (1년생부터 윤벌기에 달한 나무가 같은 면적을 점유한다.)

③ 무육과 벌채, 이용 모두 동시에 이루어지므로 직경급의 분배와 임목축적에 변화가 크지 않으며 임지가 노출되지 않고 항상 보호되며 표토의 유실이 없다. 따라서 국토보안 및 지력유지, 자연보호적 측면에서 가장 바람직한 산림 작업종이라 할 수 있다.

④ 택벌작업은 미관상 가장 아름다워 풍치가 좋고 계속적으로 목재 생산이 가능한 작업종이다.
  하지만 작업에 많은 기술을 요하며 매우 복합한 작업방법이다.

⑤ 택벌작업 시 벌채목을 정함에 있어 생태적 측면에서 숲의 보호와 무육에 가장 중점을 두어야 한다. (우량목의 생산 (✗))

⑥ **대나무숲**의 갱신은 원칙적으로 택벌작업으로 벌채한다.

⑦ 택벌림의 임분에서 가장 많은 수목은 **유령목**이다.

⑧ **양수**의 경우 택벌작업으로의 갱신이 어렵다.

❖ 회귀년의 계산
  ✓ 택벌작업 시 윤벌기가 100년이고 작업구가 5개인 지역에서의 회귀년은 20년이다.
    (윤벌기 100년 / 벌구(작업구) 5개 = 20년
  ✓ 택벌작업 시 윤벌기가 100년이고 벌구(작업구)의 수를 10개로 만들면 회귀년은 10년이다.
    (윤벌기 100년 / 벌구(작업구) 10개 = 10년

6) 왜림작업(저림작업)

① 왜림작업은 주로 **연료(땔감)이나 소형재를 채취하기 위해 짧은 벌기로 줄기를 벌채하고 난 후 그 그루에서 발생한 맹아(움돋이)가 자극을 받아 갱신하는 방법**이다.
② **주로 맹아력이 강한 활엽수림에서 이루어 진다.**(아까시나무, 참나무류, 오리나무, 물푸레나무 등)
③ 왜림작업의 벌채시기는 뿌리부에 양분이 많이 저장된 11월 이후부터 이듬해 2월까지(늦겨울부터 초봄사이가 최적기) 실시하며 벌채점의 높이는 가능한 낮게하여 맹아가 지표 근처에서 발생하도록 유도한다.

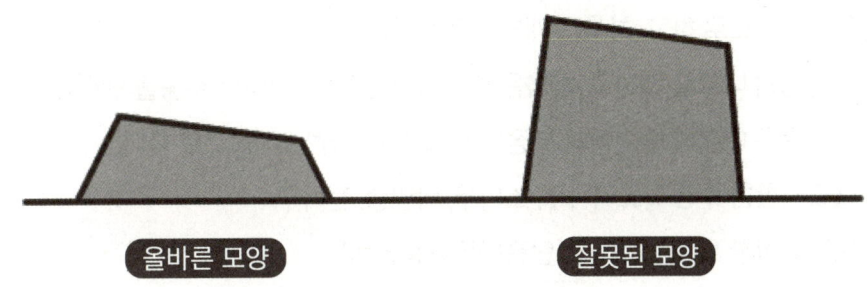

〈왜림작업 시 움돋이를 위한 줄기베기에 적합한 단면〉

- 단점 : 벌기가 짧아 적은 자본으로 경영할 수는 있으나 지력이 많이 소비되어 경제성이 떨어진다.

7) 중림작업

① 중림작업은 하나의 임지에서 용재생산 목적의 **교림작업**과 연료재 생산목적의 **왜림작업을 동시**에 하는 것을 말한다.
② 중림작업은 **상목 / 하목으로 층을 구분**한다.
③ 동일 임지에서 건축재(일반용재)와 산탄재를 동시 생산, 하목의 윤벌기는 보통 20년이며, 상목의 윤벌기는 하목의 2~4배 정도로 한다.
④ **상목과 하목의 수종 선택**
　✓ **상목**은 실생묘로 육성하는 침엽수종을 **하목**은 맹아로 갱신하는 활엽수종을 택한다.
　✓ **상목**은 택벌식으로 하고, **하목**은 개벌식으로 한다.
　✓ **상목**은 양성의 나무를 택하고, **하목**은 비교적 음달에 잘 견디는 수종을 택한다.
　✓ 상목의 수종은 나무의 줄기에서 부정아가 발생하지 않는 수종으로 한다.
　✓ **상목으로 적합한 수종** : 느티나무, 소나무, 낙엽송, 전나무
　✓ **하목으로 적합한 수종** : 참나무, 단풍나무, 서어나무

수목 재해

1 인간에 의한 재해

1) 산불피해

① 산불의 원인과 피해
- 활엽수보다 침엽수에서 산불이 일어나기 쉽다.
- 양수는 음수에 비해 산불 위험성이 높다.
- 동령림과 단순림이 이령림과 혼효림에 비해 임목의 피해 정도가 크다.
- 산불이 경사지를 내려갈 경우가 올라올 때보다 피해가 더 크다.
- 3~5월 건조 시 산불 발생이 가장 자주 일어난다.
- 나이가 어린 유령림이 나이가 많은 큰 나무숲보다 산불 위험도가 높다.
- 임지의 위치로 볼 때 남서향(남향)이 고온 및 낮은 습도로 산불 발생 가능성이 높다.
- 산림 내 낙엽 채취는 임지노출 및 건조로 토양침식의 원인이 되지만, 산불의 요인으로 볼 수 없다.

② 산불의 종류
- **지표화** : 지표화는 지표에 있는 낙엽과 초류등의 지피물과 지상관목, 어린나무 등이 불에 타는 것으로서 암석지나 초원등지에서 가장 흔하게 일어나는 산불이다.
- **수간화** : 수간화는 나무의 줄기가 타는 불이며 지표화로부터 연소되는 경우가 대다수이며, 낙뢰로 발생하기도 한다. 간벌이나 가지치기 등 숲가꾸기작업이 부실할 경우 밀생가지나 잎으로부터 수간화가 발생한다.
- **수관화** : 수관화는 대개의 경우 지표화 또는 수간화로부터 수관부에 불이 닿아 바람과 불길이 세어지면 수관화로 발전된다. 수관화 발생 시에는 화세가 강하고 진행속도가 빨라 신속한 진화가 어렵다.

- **지중화** : 지중화는 이탄질이나 낙엽 등 땅 속의 유기물이 타는 것으로 산소의 공급이 적어 연기나 불꽃 없이 서서히 타지만 강한 열기가 오랫동안 지속적인 피해를 준다. 고산지대의 경우 산불 진화 후에 재발의 원인이 된다.

③ 산불예방
- 화재의 전진확산 방지를 위한 방화선은 10~20m 폭으로 임목을 제거하여 만든다.
- 산림청장이 설정하는 산불조심기간은 봄철 2월1일~5월15일, 가을철 11월1일~12월15일까지이다.

④ 방화림(방화수)으로 적합한 수종
- 대표적으로 수피가 두껍고 코르크층이 형성된 낙엽활엽수인 **굴참나무, 상수리나무,** 내화력이 강한 침엽수인 **은행나무, 낙엽송** 등이 산불에 강하여 방화수로 적합하며 산불 피해 후의 맹아력도 강하다.
- **방화림으로 적합한(내화력 大) 활엽수** : 사철나무, 회양목, 아왜나무, 굴거리나무, 동백나무, 굴참나무, 상수리나무, 고로쇠나무, 피나무, 광나무, 식나무, 음나무, 가중나무, 참나무, 사시나무
- **방화림으로 적합한(내화력 大) 침엽수** : **은행나무**, 낙엽송, 분비나무, 가문비나무, 개비자나무, 대왕송

⑤ 방화림으로 부적합한 수종
- **내화력이 약한 침엽수** : 소나무, 해송, 편백, 삼나무
- **내화력이 약한 활엽수** : 녹나무, 구실잣밤나무, 아까시나무, 벚나무, 능수버들, 벽오동, 참죽나무

2 기상재해

1) 고온 / 저온의 피해

① 저온의 피해
- **상해(霜害)** : 맑고 바람 없는 밤에 기온이 어는점 이하로 내려가면, 서리가 생겨서 식물의 조직이 얼어붙는 피해로 수종과 지형, 방위, 날씨에 영향과 밀접하게 관련되나 연평균 기온과는 관련이 없다.

- 이른서리해(早霜害) : 가을에서 초겨울 사이에 눈(芽)이 아직 성숙치 않은 시기에 급강하한 기온에 의해 갈색으로 변한다. 일반적으로 이른 서리해는 눈에 잘 띄지 않고, 가벼운 피해에 머무는 경우가 많다.
- 늦서리해(晩霜害) : 봄철에 눈이 싹튼 후 내리는 서리에 의해 일어난다. 일반적으로 전개하기 시작한 눈이나 새순이 말라죽게 되는데 2년생 이하의 어린 나무의 경우 나무 전체가 말라죽기도 한다.

- **동해(凍害)** : 수목이 생존 가능 한계 온도 이하의 환경에서 세포 내외부가 얼어서 나타나는 피해. 이상 기온하에 의한 동결이나 한건풍(寒乾風)에 의해 발생하는 피해로서 언피해, 한해(寒害)라고도 한다.

- **상렬(霜裂)** : 수피가 얇은 수종에서 특히 많이 발생하는 저온 피해로, 추위로 인해 수액이 동결되면서 줄기와 껍질이 냉각, 수축되어 갈라지는 현상을 말한다.(단풍나무, 산딸나무)

- **만상(晩霜)의 예방** : 만상은 이른 봄 늦서리 피해로 식물의 생육이 시작된 후 급격한 온도 저하로 인해 어린 가지와 잎에 피해가 발생한다. 만상피해 방지 방법은 배수가 잘되도록 하고 묘상에 낙엽이나 짚을 덮어 묘목을 보호한다. 주풍 방향에 방풍림을 조성하기도 한다. 만상피해를 받기 쉬운 수종은 파종을 가능한 늦게 하는 것이 좋다.

- **한상(寒傷)** : 식물체의 조직 내에 결빙현상은 발생하지 않지만 저온으로 인해 생리적으로 장애를 받는 것을 말한다.

- **서릿발 피해 예방법**
  - 모래나 유기물의 섞어 토양을 개량한다.
  - 배수를 좋게 하여 토양수분을 감소시킨다.
  - 짚이나 왕겨 또는 낙엽 등으로 덮어준다.
  - 점토질 토양은 수분이 많고 배수가 불량하므로 다습한 곳에서는 파종상을 높게 조성한다.

- **설해(雪害) 예방법**
  - 이령림, 천연림이 설해에 안전하다.
  - 설해에 강한 낙엽활엽수를 심는다.
  - 간벌을 하여 택벌림을 조성한다.
  - 설해 발생목은 해충의 발생목이 되므로 속히 처분한다.

② **고온의 피해**
- **열사(熱死)** : 한 여름 태양열을 흡수한 지표면의 고온으로 인해 소목이나 치수의 근부형성층 조직이 피해를 받아 고사하는 현상. 내음성이 큰 전나무, 가문비나무, 편백 등은 열사에 취약하며, 해송, 측백나무 등은 열사에 강하다.

- **볕데기(皮燒)** : 피소라고도 부르며, 수간이 태양의 직사광선을 받았을 때 고온으로 인해 수피 부분에 수분 증발이 발생하면서 수피 조직이 말라죽는 현상, 서향이나 서남향에서 생육하는 흉고직경 15~20cm 이상의 임목과 코르크층이 발달한 오동나무, 호두나무, 가문비나무 등에서 피해가 발생하기 쉽다.

③ **염풍의 피해**
- 염풍은 해안지방에서 부는 바람.(내륙 10km까지 영향) 염분은 잎에서 원형질 분리를 일으키고, 고사시키며 유기물의 분해를 방해하고 토양미생물의 번식을 억제한다.
- 염풍의 피해를 억제하기 위하여 해풍에 직각방향으로 **내염성 수종(자귀나무, 팽나무, 곰솔**, 향나무, 사철나무, 후박나무 등)으로 **해안 방조림**을 조성하기도 한다.

3 대기오염의 피해(연해(煙害))

① 아황산가스(SO_2)는 수목병의 대부분을 차지하는 대기오염물질이다.
② 아황산가스의 피해는 기온역전현상이 있을 때 가장 나타나기 쉽다.
③ **연해(煙害, 대기오염)에 강한 수종** : 은행나무, 사철나무, 노간주나무, 비자나무, 향나무
④ **연해(煙害, 대기오염)에 약한 수종** : 소나무, 삼나무, 전나무, 느티나무, 독일가문비
⑤ **대기오염 지표식물(검지식물)로 이용되는 식물** : 전나무(연해에 가장 약함)

⑥ 연해 피해는

- 왜림보다는 **교림**일수록
- **비옥지**일수록
- 겨울철 밤보다는 **여름철 낮**에
- 아황산가스와 결합하는 **석회가 부족할 때 피해가 크다.**

⑦ 연해 예방 방법

- 교림보다는 택벌림, 중림, 왜림으로 갱신하는 것이 좋으며 대면적의 개벌은 피한다.
- 석회질 비료를 시비하고 토양관리에 힘쓴다.
- 폭 100m 정도로 여러 층의 방비림을 조성한다.

⑧ 산성비의 피해

- 산성비는 pH5.6 이하의 비를 말하며, 주로 이산화황(SO_2)나 질소화합물(NO_x)가 산성비를 일으키는 원인이다. (탄소산화물이 원인이다. (✘))
- 빗물에 녹아 있는 수소이온은 토양 중의 Al, Fe, 중금속의 용해를 증가시킨다.
- 빗물에 녹아 있는 질산염이 잎에 흡수되면 잎 속의 양분을 용탈시킨다.
- 산상비의 민감도가 가장 큰 식물은 쌍자엽 식물이다.(쌍자엽 > 단자엽 > 침엽수 순)
- 오존주의보 발령기준은 0.12ppm, 오존경보 발령기준은 0.3ppm 이상, 오존 중대 경보는 0.5ppm 이상이다.

4 들짐승에 의한 피해

① 들쥐와 산토끼는 수목에 뛰어난 번식력으로 수목 피해를 가장 많이 끼치는 동물이다.
② 임목에 들쥐 및 짐승류의 피해가 가장 심한 시기는 먹이가 부족한 겨울철(12~3월)이다.
③ 들쥐는 소나무, 낙엽송, 편백 등의 껍질을 윤상으로 벗겨 먹는다.
④ 박새와 산까치는 나무의 어린순에 해를 가하는 새다.
⑤ 조림목 등 어린나무에 해를 가하는 대표적 동물에는 고라니, 맷토끼, 대륙밭쥐가 있다.

06 수목병해충

1 수목병

1) 수목병 일반사항

① **식물병 발병 3대요인**
- **병원**, **환경**, **기주** 암기 **TIP!** 병원을 환기시켜야 식물병 예방한다!
- (예) 일조부족, 병원체의 밀도, 기주식물의 감수성 (야생동물의 가해 (✖))

② **표징** : 식물병 진단에 있어 가장 중요하고 확실한 것은 〈표징〉으로 병원체의 구조를 병환부를 통해 육안으로 식별가능한 반응을 말한다. 병원체가 진균일 경우 〈표징〉이 가장 잘 나타난다. 표징에는 병원체의 영양기관인 균핵, 균사체 등과 번식기관인 포자, 자낭구, 버섯 등이 있다.(혹은 표징이 아니라 병징이다. *병징 : 괴사, 과대발육, 발육위축 등 병원체 감염 후 나타나는 생육적, 외형적 이상 반응)

③ **발병 유인(誘因)이란?** 주원인을 도와 발병을 촉진시키는 요인으로 질소질비료 과용으로 여러가지 수목병의 발병을 촉진시키는 것은 유인(誘因)에 해당한다.

④ **전반이란?** 병원체가 여러가지 방법으로 식물체로 옮겨지는 것

⑤ **수목의 감수성이란?**
- 병에 걸리기 쉬운 성질
- 병원체의 병원성과 기주식물의 감수성을 통해 병의 발생 정도를 결정한다.
- **이령 혼효림**(나이가 다른 활엽수와 침엽수의 혼합식재)이 여러가지 피해에 대한 저항력이 가장 강하다.

⑥ 세균에 의한 수목병

- 일반적인 병징은 무름증상이다.
- 대부분 간균(막대모양) 형태를 이루고 있다.
- 식물병 병원체 중 진균은 균사를 가지고 있어 사상균(絲狀菌)이라 불린다.
- 곰팡이(균류)의 기관은 영양기관과 번식기관으로 나눌 수 있는데 번식기관에는 포자, 자낭반, 자낭각, 자낭구, 버섯 등이 있다.

⑦ 병원체의 침입방법

- 각피 침입
- 자연개구를 통한 침입
- 상처를 통한 침입

  오답 : 지하수에서 용출 침입 (✗)

⑧ 수목병의 임업적(생태적) 예방법

- 그 지역에 맞는 조림수종의 선택
- 단순림보다는 침엽수와 활엽수의 혼효림 조성
- 육림작업을 적기에 실시하고, 벌채를 벌기령에 맞추어 실시

  오답 : 위생법에 의한 철저한 식물검역제도의 도입 (✗) - 법적 방제법

2) 수목병의 종류

- **세계3대 수목병**

  잣나무 털녹병, 밤나무 줄기마름병, 느티나무 시들음병

- **근두암종병**

  ✓ 근두암종병(뿌리혹병)은 세균에 의해 발생한다.
  ✓ 뿌리나 줄기의 땅 접촉부분에 많이 발생하고 처음에는 병환부가 비대하여 흰색을 띠며 점점 혹으로 형성되며 표면이 거칠어진다.

- **잣나무 털녹병**
    - 잎의 기공을 통해 줄기로 전파되며 주로 5~20년생에서 많이 발생하며 20년 이상 된 큰 나무에도 피해를 준다. 4~6월 수피가 부풀어 터져 나오는 녹포자가 잣나무에서 중간기주로 날아가 전반 된다. 녹병균은 살아있는 생물체에 기생하는 순활물 기생을 한다.
    - 방제 방법 : 병든 나무를 제거한다. 중간기주를 제거한다. 내병성 품종을 심는다.
        (토양소독실시 (✖))
- **파이토플라즈마에 의한 수목병** 암기 TIP! 파이토플라스마! 뽕오대!
    뽕나무오갈병, **오**동나무빗자루병, **대**추나무빗자루병

- **오리나무갈색무늬병**
    - 곰팡이(진균)에 의해 발병한다.
    - 윤작의 연한이 짧아도 기주식물 없이는 오래 생존이 불가능하므로 방제 효과를 올릴 수 있는 병균으로 병이 상습적으로 발병 시 윤작을 통해 방제한다.
    - 병든 낙엽은 태우며 종자소독으로도 예방이 가능하다.
    - 밀식 시에는 솎기를 하는 것이 오리나무갈색무늬병 예방에 좋다.

- **소나무재선충**
    - 1988년 부산에서 처음 발견되었다.
    - 매개충은 솔수염하늘소, 유충이 자라서 터널 끝에 번데기방(용실)을 만들고 그 안에서 번데기가 된다.
    - 소나무재선충은 후식 상처를 통해 수체 내로 이동해 들어간다.
    - 피해 고사목은 작은 파편까지 철저히 소각한다. (임지외로 반출한다. (✖))

- **소나무잎녹병**
    - 중간기주에서 여름포자(하포자)형으로 반복 전염한다.
    - 여름포자의 중간숙주가 되는 수종으로는 황벽나무, 잔대 등이 있다.

- **모잘록병**
    - 토양의 조건에 따라 과습하거나 건조 시에 발생한다. 병원균은 토양이나 병든 잎에서 월동한다.

✓ 방제방법 : 토양소독 및 종자소독을 해준다. 햇빛을 잘 쬐도록 한다. 파종량을 적게하고 복토가 너무 두껍지 않도록 한다. 병이 심한 묘포지는 돌려짓기를 하며, 인산질 비료와 퇴비를 충분히 해 준다. 질소질 비료는 웃자람을 발생시켜 모잘록병 발생을 증가시키므로 과용을 삼간다. 솎음질을 자주하여 생립 본수를 조절한다.

• 대추나무빗자루병
  ✓ 파이토플라즈마(마이코플라즈마)에 의해 발생, 일반적으로 분주에 의해 전반된다.

• 포플러잎녹병
  ✓ 담자균에 의해 발병하며 중간숙주는 낙엽송이 대표적이다.
  ✓ 잎 뒷면에 노란색 작은 가루덩어리가 생기고 암갈색으로 변하여 조기낙엽된다.
  ✓ 방제방법 : 비교적 저항성인 포플러 계통을 식재한다. 4-4식 보르도액을 살포한다. 가을에 병든낙엽을 모아 태운다. 중간기주 식물이 많이 분포하는 곳을 피한다.
     (병든 잎이 달렸던 가지를 잘라준다. (✗))

• 오동나무 빗자루병
  ✓ 파이토플라즈마에 의해 발병하며 병원체의 침입경로가 여러가지이나 주로 곤충이나 작은 동물의 몸에 붙거나 체내로 들어간 상태로 널리 분산된다.
  ✓ 매개충은 담배장님노린재

• 오동나무 탄저병
  ✓ 자낭균에 의해 발병, 병든 낙엽에 자낭포자를 만들어 월동
  ✓ 주로 묘목의 줄기와 잎에 발생

• 그을음병
  ✓ 깍지벌레, 진딧물과 같은 흡즙성 해충이 기생하는 나무에서 흔히 관찰되며 병원균은 이들 해충의 분비물에서 양분을 섭취한다.
  ✓ 그을병에 효과적인 방제법은 살충제 살포다.

- **삼나무붉은마름병**
  - ✓ 우리나라와 일본에 분포하고 묘포에서 발생한다.
  - ✓ 병원균은 삼나무의 병환부에서 월동한다.
  - ✓ 5월 상순에서 10월 상순까지 4-4식 보르도액으로 방제한다.
  - ✓ 지면에 가까운 부위에서부터 위로 피해가 진전된다.
    (가지끝에서 아래로 진전된다. (✘))

- **밤나무 줄기마름병**
  - ✓ 20세기 세계3대 수목병의 하나이며 나무의 상처부위로 침입하는 대표적인 병균으로 병환부의 수피가 처음에는 황갈색 또는 적갈색으로 변한다.
  - ✓ 바람은 밤나무 줄기마름병의 전파에 가장 중요한 역할을 한다.
  - ✓ 동양의 풍토병으로 (서양의 풍토병 (✘)) 병원균은 병환부에서 균사 또는 포자의 형으로 월동한다.

- **흰가루병**
  - ✓ 늦은 봄부터 늦가을까지 주로 묘목에 많이 발생하는 병해로 잎의 뒷면에 표징이 나타나고, 어린 눈을 침해하면 잎이 오그라들고 기형이 된다.
  - ✓ 수목에 치명적인 병은 아니지만, 발생하면 생육이 위축되고 외관을 나쁘게 한다.
  - ✓ 장미, 단풍나무, 배롱나무, 벚나무 등에 많이 발생한다.
  - ✓ 병든 낙엽을 모아 태우거나 땅속에 묻음으로써 전염원을 차단
  - ✓ 통기불량, 일조부족, 질소과다 등이 발병요인
  - ✓ 방제약품 : 티오파네이트메틸수화제(지오판엠), 결정석회황합제(유황합제), 디비이디시(황산구리), 유제(산요루)

- **참나무 시들음병**
  - ✓ 곰팡이균(파렐리아)이 원인, 매개충은 광릉긴나무좀
  - ✓ 매개충의 암컷 등판에는 곰팡이를 넣는 균낭이 있다.
  - ✓ 월동한 성충은 5월경에 침입공을 빠져나와 새로운 나무를 가해
  - ✓ 나무전체에 발생하는 병해 : 시듦병, 세균성 연부병

- **겨우살이**
  - ✓ 기주식물에 부착 생성된 기생근으로 껍질층을 관통하여 양분과 수분을 흡수한다. 주로 참나무 등 활엽수에 발생한다.

- **새삼**
  - ✓ 1년생초로 철사같고 황적색이다.
  - ✓ 잎은 비닐잎처럼 생기고 삼각형이며 길이가 2mm 내외로 흰색 꽃이 8~9월에 피고 기주식물의 조직 속에 흡근을 박고 양분을 섭취한다.

★★중간기주 연결★★

❖ **중간기주란?**

식물병원균류가 생활사를 완성하기 위해 교대하여 기생하는 두 종류의 식물 중 한 종류의 식물

- 잣나무털녹병의 중간기주는 송이풀, 까치밥나무
- 포플러녹병의 중간기주는 낙엽송
- 소나무혹병의 중간기주는 참나무
- 배나무붉은별무늬병의 중간기주는 향나무

TIP! CHECK POINT!

- 빗자루병이 발병하기 쉬운 수종
  오동나무, 대추나무, 대나무, 전나무, 쥐똥나무
- 진딧물과 깍지벌레와 관계가 깊은 병 : 그을음병
- 오리나무 갈색무늬병균은 종자의 표면에 부착하여 전반
- 소나무 혹병의 중간기주는 참나무류다. 소나무 혹병균의 병원체는 녹병균이다.
- 뿌리혹병균의 침입장소는 지하부의 접목 부위나 삽목의 하단부, 뿌리의 절단면 등이다.
  (뿌리의 기공(✘))
- 소나무 잎떨림병의 월동 장소는 땅 위에 떨어진 병든 잎이다.
  (토양속(✘), 나뭇가지에 있는 병든 잎(✘), 병든 나뭇가지(✘))

- 파이토플라즈마에 의한 수목병은 병징은 있으나 표징은 전혀 없으며 옥시테트라사이클린 수화제를 수간에 주입하여 치료한다.
- 모자이크병의 병원체는 바이러스다.
- 봄에 줄기에 형성되는 향나무녹병의 포자는 동포자(겨울포자)로 여름포자는 형성되지 않는다.
- 리지나뿌리썩음병은 일반적으로 높은 온도에서 우선 번식 하기 때문에 산림의 모닥불이나 산불이 발생 유인으로 작용한다.
- 낙엽송가지끝마름병은 가지 끝이 밑으로 굽어 농갈색 갈고리모양으로 되어 낙엽된다.
- 담자균에 의한 대표적 수병 : 잣나무털녹병, 소나무혹병, 향나무녹병
- 뿌리썩음병을 일으키는 담자균은 Armillaria mellea(아밀라리아 뿌리썩음병균)
- 벚나무빗자루병의 병원체는 자낭균 중에서 나출자낭을 형성하는 Taphrina wiesneri(타프리나 브에스네리)이고 포플러나 복숭아 잎 뒷면에 나출자낭을 형성하고 오갈병을 일으킨다.

2 산림해충

1) 산림해충 일반사항

- 곤충의 진화와 번영에 있어 결정적인 역할을 한 것은 날개의 발달이었다.
- 완전변태 : 곤충이 자라면서 알 → 유충 → 번데기 → 성충으로 발육하는 과정
  [일반적인 변태의 순서 : 부화 → 용화 → 우화]
- 휴면 : 곤충이 생활 도중 환경이 좋지 않을 때 발육을 일시적으로 정지하는 것
- 페로몬 : 곤충이 냄새로 의사를 전달하기 위해 분비하는 물질로 최근 해충을 유인하여 방제하기 위해 사용된다.
- 용화 : 충분히 자란 유충이 먹는 것을 중지하고 유충시기의 껍질을 벗고 번데기가 되는 현상
- 진딧물류, 깍지벌레류, 멸구, 매미충류 등 산림해충 상 중요한 해충들이 갖고 있는 구기형은 조직에 찔러 넣어 흡즙(빨아먹기) 용이한 구조의 흡수구(吸收口)이다.
- 산림해충의 호흡계 중 외부의 산소가 들어가는 통로를 기문이라한다.
- 4령충이란? 3회 탈피 완료, 4회째 탈피 중인 유충
- 경제적 가해수준(Economic injurt level)이란? 해충에 의한 피해액과 방제비가 같은 수준의 밀도를 말한다.

- 곤충의 암컷과 수컷의 성비(性比)는 **암컷의 비율**을 말한다.

    (예) 총개체수 200마리, 성비 0.55일 때 암컷의 비율은 110마리

★길항미생물이란?

미생물 중에 다른 미생물들과 어울리지 못하고 몹시 귀찮게 하거나 죽여버리는 능력을 지닌 왕따 같은 미생물로 항생물질을 생산하며 수목병을 일으키는 병원균과 양분경쟁을 하고 병원균에 병을 일으키는 기작을 통해 식물병을 방제한다.

> `기출오답` : 지베렐린은 신장촉진제의 하나로 식물병 방제와 관련이 없다.

2) 산림해충의 분류

① 가해방법에 따른 분류

- **천공성 해충** : 임업 경영상 벌기가 길면 많이 발생, 밀생한 입목의 경우 수관끼리의 경쟁으로 쇠약해지기 쉬워 천공성 해충의 공격을 받기 쉽다.(소나무좀, 바구미류, 개오동명나방, 하늘소류)
- **흡수성(흡즙성) 해충** : 즙액을 빨아먹는다. 깍지벌레류, 노린재류, 응애류, 선녀벌레, 진딧물
- **목재를 가해하는 해충** : 흰개미, 개나무좀, 넓적나무좀

② 피해부위에 따른 분류

- 식엽성 해충 : 잎을 가해하는 해충, 참나무재주나방
- 나무의 줄기(목질부)를 가해하는 해충 : 박쥐나방, 측백나무하늘소
- 종실(열매)을 가해하는 해충 : 복숭아명나방, 밤나방, 도토리거위벌레

③ 해충의 발생량 예찰(예측 관찰 조사)

- 해충의 발생예찰은 발생시기와 발생량의 예찰을 주목적으로 방제수단의 강구에 필요하다.
- 예찰 조사 결과에 따라 관할기관은 병충해 발생 예보를 발령한다.(피해정도에 따라 예보, 주의보, 경보)
- 깍지벌레와 같은 고착성 해충의 밀도표시는 가지의 길이(먹이의 양이 기준)를 단위로 한다.
- 땅속의 해충, 솔잎혹파리 월동 유충의 밀도는 면적 단위다.
- 해충의 분포는 한 나무 내에서의 상하 또는 방위별 변이가 지역 내 입목 간의 변이보다 작다.

3) 시험에 잘 나오는 산림해충 요약정리

① **깍지벌레** : 잎이나 가지에 붙어 즙액을 빨아먹는 흡즙성 해충으로 잎이 황색으로 변하게 되고 2차적으로 그을음 병을 유발시키며, 감나무, 동백나무, 호랑가시나무, 사철나무, 치자나무 등에 공통적으로 발생하기 쉽다. 진딧물과 루비깍지벌레 구제에 가장 효과적인 약제는 메치온유제이다.

② **진딧물과 깍지벌레를 포식하는 천적 곤충은 됫박벌레(무당벌레)**

③ **딱정벌레목** : 우리나라 산림 해충 중 많은 종류를 차지하며, 단단한 외골격이 발달하며, 씹는 입틀을 가지고 완전변태한다.

④ **소나무를 가해하는 해충** : 솔나방, 소나무좀, 솔잎혹파리

⑤ **(미국)흰불나방** : 부화한 애벌레가 거미줄을 치고 모여서 잎을 갉아먹는 해충으로 벚나무, 플라타너스, 오동나무, 포플러 등을 가해한다.
- 흰불나방 구제에는 디프제(디프록스), 유충방제에는 트리무론수화제가 가장 좋다.
- 플라타너스는 흰불나방 피해가 가장 많이 발생하는 수종이다.
- 번데기(5월 중순~6월 상순에 제1화기)의 형태로 나무껍질 사이나 돌 밑, 그 밖의 지피물 밑에서 고치를 짓고 월동하는 것으로 약 600~700개씩 산란하며, 수명이 4~5일 정도이다. 1년에 2회 우화 발생한다.

⑥ **솔수염하늘소의 성충의 최대 출현 최성기 : 6~7월**

⑦ **솔잎혹파리** : 주로 소나무, 해송, 곰솔 등의 새 잎에 벌레혹(충영)을 만들어 피해를 주며 6월 상순경 우화 최성기이다. 방제에는 주로 기생봉(먹좀벌류)을 이식하는 생물학적 방제를 활용한다. (솔잎벌은 기생봉 아니다.)

⑧ **솔잎깍지벌레** : 가늘고 긴 입을 가진 유충이 나무의 수액을 흡수하여 가해하는 흡수성 해충, 후약충이 주로 겨울철에 가해하며 전남, 전북, 경남지역 해안가 해송림에 큰 피해를 준다.

⑨ **솔나방** : 송충이라고도 불리며, 5령 유충으로 잎을 갉아먹는 식엽성 해충으로 솔잎에 약 500개 알을 낳는다. 1년 1회 성충은 7~8월 발생, 5령 유충이 수피사이나 지피물 속에서 월동 후 이듬해 4월경부터 잎을 가해하며, 심하게 피해를 받으면 소나무가 고사하기도 한다. 솔나방의 발생량과 가장 밀접한 관계가 있는 전년도 기상 상황은 8월 중의 강우량으로 8월 중 비가 많이 내리면 다음 해의 피해가 적어진다.

• **솔나방 유충 구제**에는 메프수화제(스미치온), 주론수화제 살포도 효과적이다. 잠복소를 설치한다. 춘기 유충을 송방망이에 석유를 묻혀 잡는다. 7월 초 중순 경 붙어있는 고치속의 번데기를 집게로 따서 죽인다. (4~5월 (✗)) 또한 7월 하순~8월 중순에는 불빛으로 유인하는 유아등(誘蛾燈)을 설치하여 구제한다.

⑩ **천막벌레나방(텐트나방)** : 1년에 1회 발생하며 버드나무, 살구나무 등을 가해한다. 유충이 실로 집을 짓고 모여 산다. 성충 수컷은 황갈색을 띠고, 암컷은 담등색을 띤다.

⑪ **소나무좀** : 딱정벌레목으로 주로 쇠약한 나무나 벌채한 나무에 기생하는 특성이 있는 2차 해충으로 소나무 신초 속을 가해한다. 잎을 가해하지 않고 수간의 분열조직을 가해하는 천공성 해충이다.

⑫ **오리나무 잎벌레** : 1년 1회 발생하며 성충과 유충이 동시에 잎(새순)을 가해한다. 8월 하순부터 다음해 4월 중순까지 성충으로 월동한다.

⑬ **밤나무순혹벌** : 암컷만으로 번식(단성생식)을 한다.

⑭ **측백나무 하늘소** : 유충이 수피 아래 형성층을 갉아 먹어 급속히 고사시킨다. 가해수종은 향나무, 편백, 삼나무 등이며 똥을 줄기밖으로 배출하지 않기 때문에 발견이 어렵고, 기생성 천적인 좀벌류, 맵시벌류, 기생파리류로 생물적 방제를 한다. 향나무를 이식하고 관리를 게으르게 하였을 때 흔히 발생한다.

⑮ **북방수염하늘소** : 소나무재선충의 전반에 중요한 역할

⑯ **풍뎅이 유충** : 성충기에는 밤나무 등의 활엽수 잎을 가해하고, 유충기에는 주로 흙 속에서 식물의 뿌리를 식해한다.

⑰ **굼벵이** : 매미의 유충으로 땅속에서 어린 묘목의 뿌리를 가해한다.
⑱ **죽순나방** : 죽순의 끝부분을 가해하며 피해 시 황갈색으로 변하고 시들어 고사한다.

⑲ **나비목** : 나비목에는 나비류와 나방류가 있으며 우리나라 수목해충 중 가장 많이 발생하는 목이다. 나비목의 유충은 배마디에 짧은 다리모양의 쌍을 이룬 복지(腹肢)가 있다. 밤나방은 나비목이다.

3 산림해충 방제

① **기계적 물리적 방제법** : 간단한 기구나 장치, 손으로 해충을 잡는 방제법
- 포살(捕殺) : 직접 인력으로 잡는 포집하여 알, 유충, 성충 등을 제거하는 방법
- 유아등 방제법 : 곤충의 주광성에 따라 유인하여 죽이는 등화유살 방제법
- 텐트나방 유령기와 같이 군집해충은 나뭇가지 위에 모여있는 동안 태워 죽이는 방제법이 효과적이다.
- 잠복장소 유살법 : 잠복에 적당한 장소를 인위적으로 준비해두고 이곳으로 해충을 유인하여 방제하는 것

② **생물적 방제법** : 생물적인 인자 즉 천적곤충이나 식충조류, 병원미생물을 이용하여 해충의 개체군을 억제하는 해충 방제법, 천적으로 가장 많이 쓰이는 방법은 포식곤충 및 기생곤충 등 곤충류이다.
　(예) 솔잎혹파리에는 먹좀벌을 방사하여 방제효과 얻는다.
- 생물적 방제는 영구적으로 효과가 지속된다.
- 친환경적인 방법으로 생태계가 안정된다.
- 해충밀도가 낮을 경우 효과를 거둘 수 있다. (밀도가 높을 때 효과적이다. (✘))
- 천적역할을 하는 익충에는 무당벌레, 풀잠자리, 기생벌이 있다. (굴파리 (✘))
- 농약의 살포로 인해 해충의 천적이 점차 사라지고 있다. (이상기후 (✘))
- 비티(BT)수화제는 생물적 방제에 이용되는 친환경적인 미생물농약을 말한다.

③ **재배학적 방제법** : 내충성이 강한 품종을 개발, 선택하는 방법, 간벌이나 시비를 통한 방제법 등이 있다.
④ **화학적 방제법** : 화학물질을 이용한 방제법으로 대면적에 돌발적으로 발생한 병해충 방제에 널리 이용된다. 효과가 빠르고 정확한 방제법이다.

4 약제를 이용한 병해충 구제

1) 독성정도에 따른 구분

- 급성독성 정도에 따라 맹독성, 고독성, 보통독성, 저독성으로 구분

2) 사용목적에 따른 구분

① **살균제** : 병원성을 가진 곰팡이(진균), 세균, 바이러스 등 미생물을 죽이거나 침입 방지 목적으로 사용되는 약제로 직접살균제, 보호살균제(예방적 효과), 종자소독제, 토양소독제 등이 해당된다.

② **살충제** : 수목을 가해하는 곤충, 선충, 응애류 등을 죽이거나 침입을 방지하는 약제이다.

3) 체내침입 경로에 따른 분류

- **접촉제** : 해충의 피부를 통해 체내에 들어가 독작용을 일으키는 약제로 유기인제, 데리스제, 니코틴제가 있다. 깍지벌레, 진딧물, 멸구류의 구제에 가장 효과적이다.
- **침투성 살충제** : 약제를 식물체의 뿌리, 줄기, 잎에 흡수시켜 깍지벌레와 같은 흡즙성 곤충은 죽게 하고 천적에는 피해가 없는 약제이다.
- **소화중독제** : 씹거나 핥아먹기에 알맞은 구기(입)를 가진 해충에 유효한 약제로 비산제(비산납)로 대표되는 유기인계 살충제가 해당한다.

4) 사용 방식에 따른 분류

- **기피제** : 살충기작에 의한 살충제의 분류방법 중 나프탈렌, 크레오소트, 디메틸프탈레이트 등 해충이 모여들지 않도록 하는데 사용되는 약제이다.
- **훈증제** : 휘발성, 침투성이 강한 물질로 독가스를 내게하는 것으로 보통 밀폐가 가능한 곳에서 사용한다. 훈증할 목적물의 이화학적, 생물학적 변화를 주어서는 안되며 인화성이 있어서는 안된다.
- **연무제** : 살포액 입자를 연무질로 하여 살포, 미립자가 오랫동안 공중에 떠 있을 수 있도록 바람이 없는 날 사용하는 것이 효과적이다.
  - **오답** : 바람부는 오후 (✘)

5) 사용형태(제형)에 따른 분류

- **액제** : 주재료를 물에 녹이고 동결방지제를 첨가한 용액이다.
- **수화제** : 물에 녹지 않는 농약 원제를 활석이나 카오린 등의 광물질 증량제와 계면활성제를 첨가하여 분쇄한 가루 형태의 약제이다.
- **수용제** : 물에 잘 녹는 농약원제와 설탕 또는 유안과 같이 물에 잘 녹는 물질을 증량제로 제조한다.
- **분제** : 물이 없는 곳에서도 사용할 수 있어 편리하나 약제의 가격이 좀 비싼 편이며, 액제에 비해 고착성이 떨어진다.
- **입제** : 구형, 원통형 또는 불규칙형 등이 있으며, 입제의 살포는 살립기를 사용하게나 고무장갑을 끼고 뿌릴 수 있어 편리하다.
- **유제** : 농약의 조제과정에서 물에 잘 녹지 않는 약제를 잘 녹는 용제에 녹여 유화제를 가해 만든 농약이다.

6) 보조제

- 살균제, 살충제, 제초제 등의 효력을 증진시키거나, 사용상 편의를 위하여 사용되는 것으로 보조제 자체는 효과가 없다.
  - ✓ **전착제** : 농약의 효력을 높이기 위해 사용하는 물질 중 농약에 섞어 고착성, 확전성, 현수성을 높이기 위해 쓰이는 물질
  - ✓ **증량제** : 농약 주성분의 농도를 낮추기 위해 사용하는 보조제

7) 농약독성의 표시

> LD50(반수치사량) : 실험동물의 50%가 죽는 농약의 양으로 mg/kg으로 표시

8) 보르도액이란?

① 수산화칼슘(생석회)에 황산구리(황산동액)를 혼합하여 만드는 보호살균제로 예방목적으로 사용해야 한다.
② 보르도액을 조제한 후 시간이 많이 지난 후 사용하면 앙금이 남고 효과가 떨어지며 약해를 일으킬 우려가 있으므로 조제 즉시 살포한다.
③ 약해가 나기 쉬운 식물에는 묽은 보르도액을 뿌려주며, 구리에 약한 식물에는 보르도액 조제 시 황산아연을 가용하여 쓰는 것도 좋다.

9) 살충제의 부작용

① 천적류는 소화중독제보다는 접촉성 살충제의 피해를 많이 받는다.
② 살충제의 영향은 새나 짐승과 같은 온혈동물보다는 물고기, 개구리, 뱀 등 냉혈동물들이 더 크게 받는다.
③ 같은 살충제를 오랫동안 사용하면 저항성 해충군이 출현한다.
④ 진딧물이나 응애류의 경우, 살충제 사용 후 해충밀도가 오히려 급격히 증가할 수도 있다.

10) 병해충 방제용 주요 약제

① **응애 피해 구제** : 살비제 살포, 같은 농약 연용은 피하고, 4월 중순부터 일주일 간격으로 2~3회 정도 살포, 응애는 침엽수, 활엽수 모두 피해를 준다.
② **진딧물 구제** : 메타유제(메타시스톡스), 디디브이피제(DDVP), 포스팜제(다이메크론)
③ **루비깍지벌레 방제** : 메치온유제(수프라사이드)
④ **검은점무늬병 방제** : 만코제브수화제(다이센엠-45)
⑤ **솔나방, 미국흰불나방 구제** : 트리클로로폰수화제(디프제), 트리무론수화제

⑥ 소나무 재선충 구제 : 메프유제, 치아클로프리드액상수화제

⑦ 리지나뿌리썩음병 : 베노밀 수화제

⑧ 솔잎혹파리, 솔껍질깍지벌레 : 포스팜(포스파미돈)

⑨ 오리나무잎벌레, 미국흰불나방, 솔나방, 잎말이나방 : 디프제(트리클로로폰수화제)

⑩ 잣나무넓적잎벌, 솔나방, 미국흰불나방 : 트리무론

- 그 밖의 약제

① 아토닉 : 생장촉진제

② 옥시테트라사이클린수화제 : 살균제

③ 시마진수화제 : 제초제

④ 비에이액제, 도마도톤액제, 인돌비액제 : 생장조절제

⑤ 에세폰액제(에스렐) : 관상용 열매의 착색 촉진

⑥ 글리포세이트 : 비선택적 제초제 [식물 전체를 제거]

11) 농약포장지 색생

① 살균제 : 분홍색

② 맹독성 농약 : 적색

③ 살충제, 살비제 : 초록색

④ 제초제 : 황색

⑤ 생장조절제 : 청색

12) 농약 취급 시 주의사항

① 효력이 정확하고 물리적 성질이 양호하며 등록되어 있는 농약을 사용한다.

② 풍향을 고려하여 바람을 등지고 살포한다. (바람을 안고 살포한다. (✗))

③ 농약살포 시 노출이 적은 작업복을 착용하고, 마스크와 보호안경을 착용한다.

④ 다량의 약제를 흡입하거나, 피부에 닿지 않도록 한다.

⑤ 액제 살포 시 보통 분무기를 이용하며, 수화제는 물에 용해되지 않은 채 살포된다.
　 또한 반드시 연수(軟水)를 사용해야 약해를 막을 수 있다. (경수(硬水) (✗))

⑥ 농약 살포액 조제 시에는 희석 배수를 가장 중요하게 고려한다.
  (일반적으로 배액 조제법이 가장 많이 사용된다.)
⑦ 쓰고 남은 농약은 다른 용기에 옮겨 보관하지 말고, 밀봉한 뒤 건조하고 서늘한 장소에 보관한다.
  (즉시 주변에 버린다. (✘))
⑧ 피로하거나 건강상태가 좋지 않다면 작업을 피하고, 작업 중 식사나 흡연을 금한다.
⑨ 농약을 다른 약제와 혼용 사용 시 약효상승, 독성경감, 약효지속기간 연장, 살포횟수 경감으로 방제비 절감할 수 있으므로 혼용 범위가 넓은 것이 좋다. (혼용 사용 시 약해가 증가한다. (✘))

07 산림 작업 기계 및 장비

1 산림 작업 기계 및 장비의 종류

1) 조림용 장비

- **사식재 괭이** : 평지나 경사지 등 모든 곳에서 사용 가능, 날자루 적정각도 범위는 60~70도, 주로 대묘보다는 소묘의 사식에 적합하다.
- **각식재용 양날괭이** : 형태에 따라 타원형과 네모형으로 구분되며 한쪽 날은 괭이로 땅을 벌리는 데 사용하고 다른 한쪽은 도끼로 땅을 가르는데 사용된다.
- **재래식 괭이** : 수공업제품으로 오래 전부터 사용되어 오던 식재 작업 도구이다.
  - **오답** : 규격품이다. (✖), 풀베기 작업에 이용 (✖)
- **식혈기** : 조림작업 시 조림목을 심을 구덩이를 파는 기계이다.
- **손도끼** : 조림용 묘목의 긴 뿌리의 단근작업에 이용되며, 짧은 시간에 많은 뿌리를 자를 수 있다.
- 예불기, 식혈기, 가지치기 장비 등은 조림 / 육림용 장비로 구분된다.

2) 양묘용 장비

- 트랙터, 정지작업기, 단근굴취기, 경운작업기, 퇴비살포기, 파종기, 약제살포기, 묘목이식기 등이 있다.

3) 무육용 장비

- **스위스 보육낫** : 침엽수, 활엽수 유령림의 무육작업에 사용하고, 직경 5cm 내외의 잡목 및 불량목 제거하기에 적합하다.
- **전정가위** : 일정한 일을 하기 위하여 힘을 적게 들이려는 지렛대의 원리에서 고안된 도구이다.
- **이리톱** : 유령림 무육에 적합한 무육용 도구로 무육 날과 가지치기 날이 함께 있다. 손잡이는 구부러져 있다.

4) 가지치기용 장비

- **가지치기용 도끼** : 작은 가지치기에 가장 효율적인 도구는 가지치기용 〈도끼〉다.
- 일반적으로 **가지치기 도끼의 무게는 850~1,250g**이다.
- **손도끼** : 자루가 짧아 제벌작업 및 간벌작업 시 **간벌목의 표시, 단근작업, 도구 자루 제작** 등에 사용된다.
- **소형손톱** : 덩굴식물 제거와 직경 2cm 이하 가지치기에 적합하다.
- **자동지타기** : 옹이가 없는 상품성이 큰 목재 생산을 위해 수간을 오르내리며 자동으로 가지치기를 하는 장비이다.

5) 벌목 및 수확용 장비

- 벌목 및 수확 장비에는 **체인톱, 도끼, 쐐기, 박피삽, 밀개, 사피, 목재돌림대, 갈고리** 등의 장비와 **펠러번처, 프로세서, 하베스터** 등의 벌채 및 수확기계가 있다.
- **도끼** : 벌목용, 가지치기용, 장작용, 손도끼 등이 있으며 벌목용(날각도 9~12도)은 날 두께가 얇아 목재에 깊이 박히며, 날선이 가지치기용에 비해 적게 구부려져 있다.(날선이 직선에 가까움) 장작패기용(날각도 15도(연질목재), 30도(경질목재))은 땔감 용재를 쪼개거나 대경목 벌목 시 다른 장비와 함께 사용한다.
- **쐐기** : 벌목 방향을 결정하거나 벌목 시 톱이 끼이지 않도록 해준다. 경도가 큰 활엽수로 제작하고, 잃어버렸을 경우 활엽수 소경재와 가지로 목재쐐기를 만들어 사용한다.
- **1인용 손톱** : 직경 10cm이하 소경재 벌목작업 시 체인톱보다 사용 비용가가 낮아 더욱 적합한 도구이다.(2인용톱은 대경목 벌목에 쓰인다.)
- **목재돌림대(전도방향 지렛대), 지레고리, 장대와 밀개** : 벌목 시 벌도 방향을 조정할 때 사용한다.
- **사피** : 통나무를 운반하기 위해 나무줄기에 찍어 사용하는 끌개를 말한다.
- **스웨디쉬갈고리** : 소경재 인력집재 시 사용한다.

6) 임목 수확 작업용 기계

- 임목수확 작업에 사용되는 다공정 기계 장비는 작업의 소규모화로 전문 기계장비보다 경제적이다. 자연조건의 영향을 많이 받으며 작업원의 숙련도가 작업능률에 큰 영향을 미친다. 재료인 입목의 규격화가 불가능하므로 재료에 맞는 기계를 선택해야 한다.

- **펠러번처** : 벌목 및 소경목 집재가 가능한 고성능 수확장비로 지타나 절단작업은 할 수 없다.
- **프로세서** : 주로 가지치기만을 하는 대형 장비다. 벌도된 나무의 가지치기와 절단작업을 동시에 할 수 있다.
- **하베스터** : 대표적인 다공정 처리기계로 벌도, 가지치기, 조재목 다듬질, 토막내기 작업을 모두 수행할 수 있는 장비이다.

7) 집재 및 운반장비 (집운재기계)

- 소형윈치, 윈치부착 농업용트랙터, 단선순환식, 삭도집재기, 플라스틱 수라, 트랙터, 아키아윈치, 타워야더, 포워더 등은 모두 집운재(산림수확용 장비)에 속한다. (불도저 (✘), 자동지타기 (✘))

① **활로(수라) 집재** : 산비탈을 이용하여 자연적, 인공적으로 설치한 미끄럼 홈통에 목재를 활주시켜 집재하는 방법으로 통길집재, 수라(修羅)라고 한다.

② **강선 집재** : 특수한 기술을 필요치 않는 집재방법으로 시설비용이 적고, 설치시간도 짧다. 임분에 대한 피해가 적고 수명이 긴 편이나 길이 5m 이상의 긴 장재의 집재에는 부적합하다. 강선 경사는 25~50%가 적당하며 최대 경사는 60%를 넘어서는 안된다.

> **강선집재로 운반할 수 있는 목재의 한도 무게를 구하는 공식**
>
> : 강선파괴강도(kg) / 3 = 운반하중(kg),
> (예) 강선파괴강도가 3,000kg일 때, 몇 kg이상의 목재를 운반하면 위험한가?
> 정답 : 3,000 kg / 3 = 1,000kg

- 강선집재 시 강선을 따라 이동하는 집재목의 운동속도가 지나치게 빠를 경우 목재의 파손과 작업 위험성이 높아지므로 운동 속도를 줄이기 위해서는 강선의 장력을 낮춰준다.

③ **가선 집재** : 다른 집재방법보다 지형조건의 영향을 덜 받고, 특히 트랙터 집재에 비해 집재작업에 필요한 에너지가 적게 소요된다. 잔존 임분에 대한 피해를 최소화 할 수 있으나 작업원에 대한 기술적 요구도가 높다.

④ **트랙터 집재** : 주로 평지나 완경사에 적합하다. 소수의 작업자로 실행가능하며, 기동성이 크므로 작업로만 있으면 실행가능하다.(경사도 25도 이내에서는 직접주행이 가능) 부착된 윈치의 최대 집재거리는 100m, 최근 많이 사용되는 차체 굴절식 트랙터는 회전반경이 단축되며, 안전성이 확보되며, 요철형 지면에서 견인력이 향상된다.

　　오답 : 급경사지에 적합 (✖), 연료 소비 절약 (✖)

⑤ **파이윈치** : 트랙터 부착형 집재기로 트랙터의 동력을 이용한 지면끌기식 집재기계이다.

⑥ **와이어로프** : 가선집재나 윈치를 사용할 때 반드시 필요하며 다수의 와이어를 꼬아 묶음다발(스트랜드)을 만들고, 이를 다시 코어(심)을 중심으로 몇 줄을 꼬아서 합친 구조로 되어 있다. 주로 6개의 스트랜드로 된 보통꼬임의 작업줄이 사용된다.

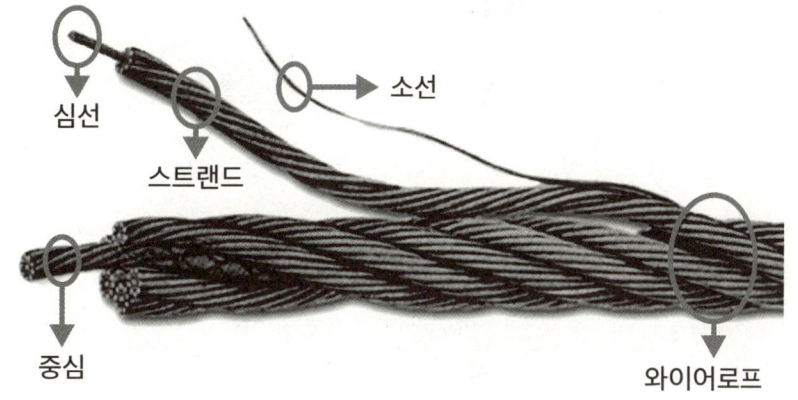

〈와이어로프의 구조〉

- 와이어로프는 1피치 사이에 와이어가 끊어진 비율이 10% 이상이거나, 지름이 7cm 이상 감소된 것, 심하게 킹크되거나 부식된 것은 폐기한다.

> **와이어로프의 킹크란?**
> 와이어로프의 변형 현상으로서, 와이어 로프를 똑바로 펴지 않고
> 꼬인 상태에서 당기면 비틀어져 굽혀지는 현상이다.
> (얼핏 손상이 없는 것 같지만 강도는 현저히 저하된다.)

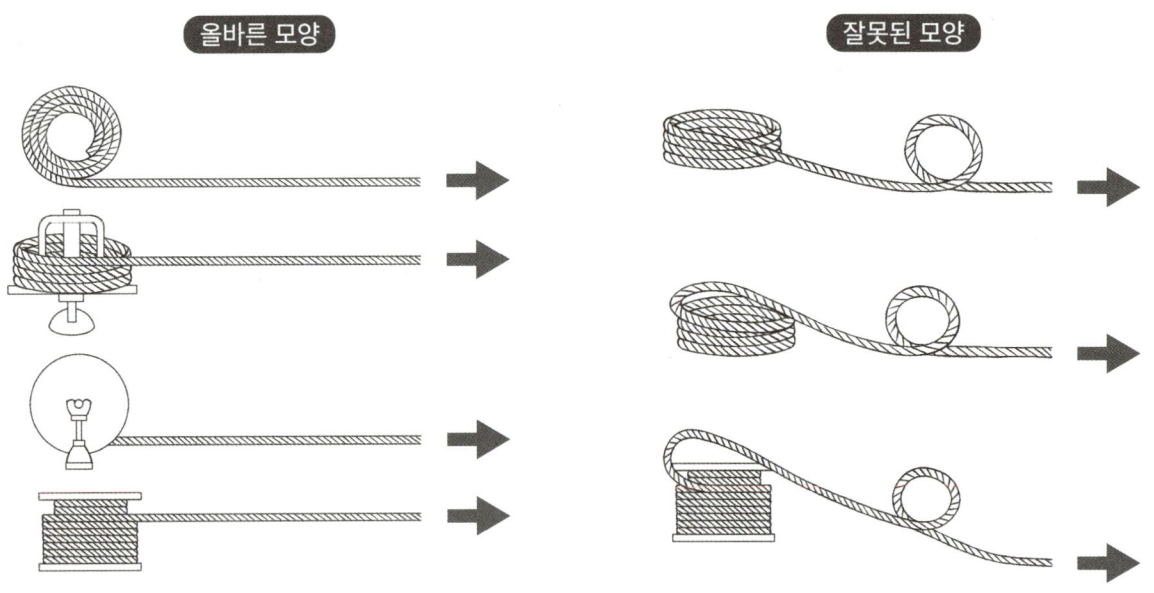

〈와이어로프를 푸는 요령〉

⑦ **중력에 의한 집재방법** : 목수라, 토수라, PVC 수라

8) 산림토목용 장비

① **불도저** : 산림토목 작업 시 전면의 블레이드를 이용 벌목 및 제근 작업에 주로 적용된다.

② **스크레이퍼** : 하나의 기계로 굴착, 적재, 운반 및 성토 등의 작업이 가능하다.

③ **파워셔블** : 셔블계(shovel) 굴착장치의 크기는 〈붐의 길이〉로 나타낸다.

④ **백호우** : 기계가 서 있는 지면보다 낮은 장소의 굴착에도 적당하며 수중굴착도 가능한 셔블계 굴착기이다.

⑤ **드래그라인** : 지면보다 낮은 곳을 굴착하거나 적재하는 작업에 적합, 수중굴착, 하천준설, 골재채취 등에 이용된다.

⑥ **크램쉘** : 크레인 장치의 붐 끝에 크램쉘 개폐형식의 버킷을 장착하여 지면보다 낮은 위치의 토사류 굴착에 쓰이며 비교적 좁고 깊은 장소의 굴착에 효율적이다.

⑦ **모터그레이더 및 롤러** : 정지작업에는 모터그레이더가, 다짐(전압)작업에는 롤러가 쓰인다.

2 산림용 작업 도구의 관리와 점검

1) 작업도구의 능률

① 도구의 날 끝 각도는 적당히 클수록 나무가 잘 잘라진다.
② 도구의 자루길이는 적당히 길수록 힘이 세어진다.
③ 도구의 날은 날카로운 것이 땅을 잘 파거나 잘 자를 수 있다.
④ 도구는 적당한 무게를 지녀야 하며, 내려치는 속도가 빠를수록 힘이 세어진다.
⑤ 도구관리는 날 부분도 중요하지만 자루 부위도 중요하다.
⑥ 도구는 작업 후 언제든지 사용 가능한 상태로 유지, 관리해야 한다.
   `오답` : 도구관리는 자주 실시하는 것보다 주 1회 실시하는 것이 적합하다. (✘)

2) 도끼날

① 임업용 도끼날은 아치형으로 연마한 날이 도끼 날이 목재에 끼이는 것을 방지할 수 있으므로 가장 적합하다. [삼각날은 끼이기 쉽고, 무딘 둔각날은 날이 튀어 오른다.]
② 이리톱을 활엽수에 사용힐 때 톱니의 가슴각은 75도가 적당하다. [침엽수에는 가슴각 60도]
③ 도끼의 날을 연마 시 활엽수용 도끼날을 침엽수용보다 더 둔하게 갈아준다.
④ 낫이나 도끼날은 가급적 절단 시 접촉면이 작도록 타원형으로 갈아주어야 힘이 적게 든다.

3) 톱니

① 손톱의 톱니 높이가 불규칙할 경우 잡아당기고 미는데 힘이 든다.
② 목재의 강도가 센 참나무 벌목지의 경우, 톱니를 약간 둔하게 갈아야 톱의 수명도 길어지고 작업능률도 높아진다.
③ 톱니의 젖힘은 **침엽수용이 활엽수용보다 더 넓게 젖혀준다.**
④ 삼각형 톱니를 가진 톱날 연마 시 **젖힘 크기 : 침엽수 0.3~0.5mm, 활엽수 0.2~0.3 mm**
⑤ **삼각톱날 연마 시 원형 연마석, 마름모줄, 톱니 젖힘쇠는 필요하고** 원형줄은 필요없다.

4) 도끼자루

① **도끼자루 제작에 가장 적합한 수종**

호두나무, 가래나무, 물푸레나무, 참나무, 단풍나무 등으로 각목의 섬유방향(섬유장)이 긴 방향으로 배열되어 질기며, 탄력이 좋은 **활엽수** 목재가 적당하다. 옹이나 갈라진 홈이 없고 썩지 않은 것이 좋다. 소나무, 잣나무 등 침엽수나 포플러류는 부적당하다.

② 도끼와 자루를 연결하였을 때 도끼헤드 일부에 공기가 통과할 수 있는 공간이 있다면, 자루가 빠질 위험이 높아진다.

③ 특수한 경우를 제외하고 도끼자루의 일반적인 길이는 사용자의 팔 길이 정도가 적당하다.

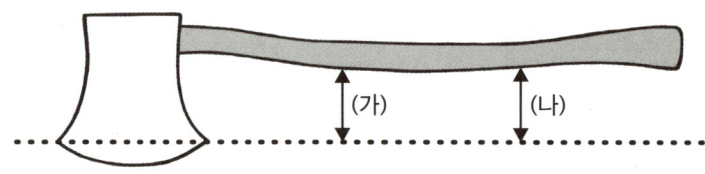

(가)와 (나)의 길이가 같아야 좋다.

3 엔진의 원리와 구조

1) 내연기관의 종류

- 디젤기관, 가솔린기관, 로켓기관, LPG기관 등으로 분류된다. (증기기관(외연기관) (✖))

① **점화방식에 따른 내연기관의 분류** : 압축착화기관, 전기점화기관, 소구기관 (외연기관 (✖))

② 일반적으로 굴착기, 지게차, 트랙터 등의 건설기계 및 임업장비에는 4행정사이클의 디젤기관(엔진)을 가장 많이 사용하며, **엔진톱에는 보통 2행정 가솔린기관(엔진)**을 사용한다.

③ 4행정 내연기관 작동원리는 〈흡입 → 압축 → 동력(착화 또는 점화) → 배기〉 순이다.

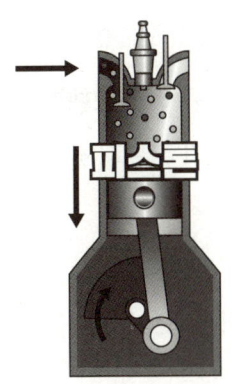  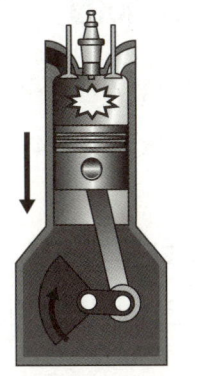 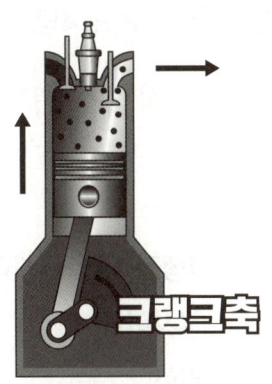

1. 흡입　　　2. 압축　　　3. 동력(폭발 or 팽창)　　　4. 배기

〈4행정기관의 사이클〉

① 혼합가스 및 공기를 흡입한다.

② 혼합가스 및 공기를 압축한다.

③ 압축된 혼합가스 및 공기에 점화시키고, 연료를 분사시켜 착화시킨다.

④ 연소된 가스를 외부로 배출한다.
　(연소된 가스를 내부에서 흡수한다. (✘))

④ **행정이란?** 내연기관에서 피스톤이 실린더 안에서 1왕복할 때의 거리이다.
　　　　　　(＝상사점과 하사점 사이 거리)

기출예시

❖ 상사점이 19cm 하사점이 10cm일 때 행정의 크기는?
▶ 19cm - 10cm = 9cm이다.

- 상사점 : 실린더 내에서 피스톤이 가장 낮게 올라갔을 때의 위치
- 하사점 : 실린더 내에서 피스톤이 가장 높이 내려갔을 때의 위치

⑤ **일반적인 엔진의 4가지 기본장치** : 전기계통, 연료계통, 윤활계통, 냉각계통

2) 2행정기관과 4행정 기관의 차이점

① 2행정 내연기관과 4행정 내연기관의 구조에서의 근본적 차이는 〈밸브기구〉이다. 2행정 기관에는 밸브구조가 간단하거나 필요없지만, 4행정 내연기관은 흡기 및 배기밸브가 반드시 필요하다.

② **4행정 기관의 1사이클 = 피스톤 2왕복**
"4사이클(4행정)"이란말은 1사이클을 완료하기 위하여 크랭크축이 2회전(720도) 회전하는 것을 말한다.

③ **4행정 기관의 특징**
- 윤활방식상 휘발유와 오일 소비가 적다.
- 구조상 오일펌프가 필요하다.
- 작동 시 흡입기간이 길고 기동이 용이하다.
- 배기음이 낮다.
- 고속회전에 유리하다.

④ **2행정 기관의 특징**
- 구조가 간단하고 조정이 용이하다.
- 무게가 가볍지만 배기음이 크다.
- 동일 배기량에 비해 출력이 크다.
- 쉽게 과열되므로 고속회전에 불리하다.
- 고속 및 저속회전이 어렵다.
- 휘발유 및 오일소비가 많다.
- 배기와 흡입밸브가 없으며, 소기구(소기공)가 있다.
- 연료에 오일을 첨가하여 섞어 사용한다.(엔진 내부에 윤활작용을 시키기 위해)
- 크랭크축 1회전 시마다 1회 폭발한다.
- 흡입기간이 짧고 기동(시동)이 곤란하다.
- 크랭크실과 외부와의 기압차에 의해 외부에서 공기가 크랭크실로 유입된다.
- 새로운 가스가 흡입되며, 연소된 가스를 몰아내는 소기작용이 일어난다.
- 연료와 공기의 혼합비를 높이기 위해서 최초시동 시 초크(choke) 시켜준다.
  (냉각된 체인톱 시동 시 초크를 닫으면, 기화기에 공기유입량이 차단되고 혼합기의 농도는 올라간다.)

3) 가솔린 엔진

① 가솔린 엔진은 **휘발유**를 연료로 사용하며, **진동이 적다.**
② **기화기, 점화플러그**(연료분사밸브, 연료분사펌프는 디젤기관에 있다.)
③ 가솔린엔진에서 연소를 위한 **공기와 연료**의 이론적인 혼합비는 **15 : 1**이다.

④ **크랭크축**은 피스톤의 상하 왕복운동을 회전운동으로 바꾸어 주는 장치이다.
⑤ **커넥팅로드(연접봉)**은 피스톤과 크랭크축을 연결하는 역할을 한다.
⑥ **플라이휠**은 엔진에서 생산된 맥동적 회전을 원활하게 바꾸어 클러치와 변속기로 전달하는 역할을 한다. 주위에 기어를 붙여 시동용으로도 사용되며, 클러치의 마찰면으로도 사용된다.

⑦ **기화기**
  - 연료를 기체화시켜 공기와 혼합한 다음 적절한 양으로 혼합기를 공급하는 장치이다.
  - 실린더 내부로 흡입되는 혼합가스 양을 조절하는 장치는 스로틀밸브다.
  - 기화기 내부의 벤투리관 속의 공기흐름은 빠르다.
  - 기화기에서 연료를 기화시켜 공급하는 원리는 베르누이의 원리이다.

⑧ **전기점화장치[마그네토 점화장치]의 구성** : 포인트(접점), 점화코일, 전자석

⑨ **냉각장치 기능**
엔진각부분으로 윤활유를 순환시킴으로써 엔진의 과열로 인한 노킹발생을 방지하고 윤활유의 점성을 유지, 윤활작용을 원활하게 한다. (연료의 기능유지 (✘))
2행정사이클 가솔린 기관은 가솔린과 윤활유를 혼합하여 연소실로 공급하는 혼합식 윤활형식을 채택하고 있다.

⑩ **가솔린 기관의 압축비**
가솔린 기관의 정상적인 압축비는 5.0~10.0로 이보다 압축비가 높으면 내폭성이 크므로 옥탄가가 높은 휘발유를 사용한다.
  - **공식 : 압축비 = (연소실의 체적 + 행정체적) / 연소실체적**

⑪ **가솔린 기관의 노킹**

실린더 내 비정상적 폭발 및 연소로 인해 연소실 온도가 상승하고, 조기착화를 발생시킨다. 또한 금속성 소음이 발생하고 최고압력이 상승하게 된다.

⑫ **가솔린기관의 좋은 연료 기준**

옥탄가가 높을 것, 내폭성이 클 것, 휘발성이 좋을 것 (점도가 클 것 (✘))

옥탄가란?

가솔린(휘발유)의 내폭성을 수치로 나타낸 것이다.
내폭성이 큰 이소옥탄의 비율로 옥탄가가 높으면 노킹발생이 억제된다.
다시 말해 얼마나 높은 압력에서도 점화되지 않고 압축되는지, 노킹이 일어나지 않는지,
휘발유의 실제성능을 나타내는 성능평가의 중요 척도이다.

---

4) 디젤엔진

① 디젤엔진은 **경유**를 사용한다.
② 디젤엔진은 흡입단계에서 공기만을 흡입하며 압축하며, 기화기와 점화플러그가 필요없다.
③ 디젤엔진에서 압축온도는 500~700도로 고온의 압축된 공기에 연료를 분사시켜 자연 압축착화시킨다.
④ 연료소모가 적고 열효율이 높은 장점이 있으나 마력당 무게가 크고, 소음이 크며, 시동이 비교적 곤란하다.
⑤ **연료여과기** : 디젤엔진은 연료계통이 매우 정밀하게 설계되어 있으므로 연료여과기가 중요한 위치를 차지한다.

> **TIP! 기출 POINTS!**
>
> **일의 단위 : 1마력 = 1PS = 75kgf·m/sec = 0.735kW**
>
> **연료소비율**이란? 엔진이 시간당 단위출력을 내기위해 소비하는 연료량
>
> 연료소비율의 단위 : **g/PS·h** = 연료량(g)/(출력(PS) × h(시간)) 또는 g/kW·h
>
> (참고 : 최근에는 자동차의 경우 주행거리 100km 당 연료소비량(리터)로 나타낸다.)

4 윤활유(엔진오일)

1) 윤활유의 기능

윤활유는 기관의 실린더 내 피스톤의 기계적인 마찰이 있는 부분을 윤활해 줌으로써 **마모방지, 냉각작용, 청소작용, 밀봉 기밀작용, 방부 및 방청작용** 등을 한다. (연료의 연소를 돕는다. (✗))

2) 윤활유의 점도 (Viscosity 끈적임 정도)

① 윤활유의 가장 중요한 성질은 점도이다.
② 점도는 온도의 영향을 받아 고온에서는 묽어지고, 저온에서는 뻑뻑해지려는 성질을 가지고 있다. 따라서 기관오일로서 안정적인 성능을 발휘하기 위해서는 온도에 대한 안정성 확보가 필수적이다.
③ 쉽게 말해 기온이 높은 여름에는 너무 묽어지면 안되므로 약간 **뻑뻑한**(점도가 높은) 오일을 쓰고, 겨울철에는 너무 **뻑뻑해지지** 않도록 약간 **묽은**(점도가 낮은) 오일이 적합하다.

3) SAE번호란?

① 미국의 Sosiety of Automotive Engineers에서 정한 엔진오일 점도수치로 엔진오일의 끈적임 정도를 나타낸다.
② 숫자가 클수록 점도가 크다.
③ 여름철에는 기온이 높으므로 SAE 번호가 큰 오일을 쓰고, 겨울철에는 번호가 작은 오일을 쓴다.
④ W는 겨울(Winter)을 의미하며 숫자가 낮을수록 영하의 저온에서의 흐름성이 좋다는 의미이다.
⑤ 봄과 가을에 적합한 SAE 30을 기준으로 생각하면 된다.
⑥ **SAE 10W-30 [두 숫자로 표시된 경우]**
　날씨의 변화에 상관없이 사용할 수 있는 전천후 윤활유를 말하며 겨울철에는 점도가 작은 SAE 10W의 성질을 나타내며, 여름철에는 점도가 큰 SAE30의 성질을 갖는다.
⑦ **SAE 20W**의 기계톱 윤활유는 **외기온도 -10~10도에서 사용이 적합**하다.

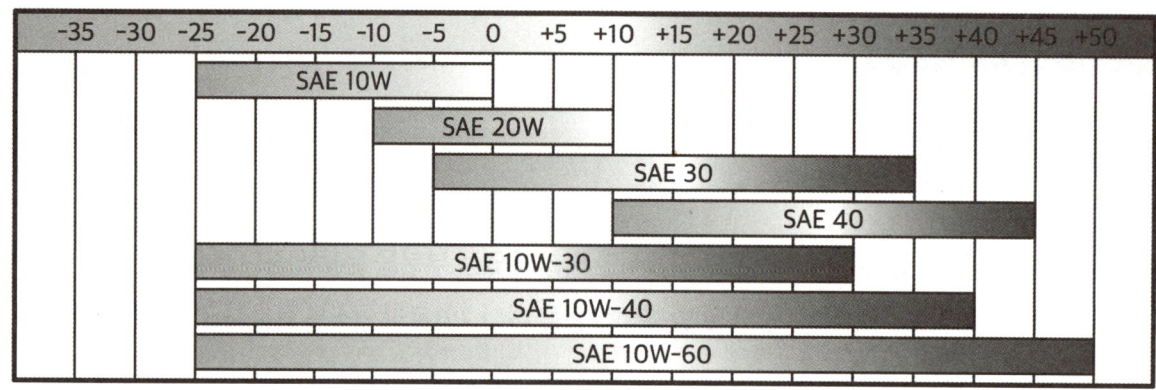

〈참고 : SAE번호에 따른 사용온도범위〉

4) 2행정기관(기계톱의 엔진)의 윤활유 사용

① 2행정 내연기관은 **연료에 오일을(가솔린 25 : 윤활유 1) 첨가하여 사용**하는데 이는 **"엔진 내부에 윤활작용"**을 위한 것이다.
② 윤활유의 점액도(점도) 표시는 사용 외기온도에 따라 구분한다.
③ 윤활유 점액도를 표시하는 SAE 10W-40에서 뒤에는 수치가 높을수록(고온에서 사용가능한 오일로서) 점도가 높다.
④ 우리나라 **여름철 체인톱 혼합유** 제조에 사용되는 윤활유 점도는 **SAE 30**이다.
⑤ 우리나라 **겨울철(-25도) 체인톱 혼합유** 제조에 사용되는 윤활유 점도는 **SAE 20W**이다.

5) 오일과 연료의 혼합유 사용 이유는?

① 2행정내연기관을 사용하는 체인톱 엔진에서 가솔린(연료)에 윤활유(엔진오일)를 섞은 혼합연료를 사용하는 이유는 기계의 압축력을 보장하고, 연동부분의 마모를 줄여 체인손상을 예방하고, 밀봉작용을 돕기 때문이다.
　오답 : 엔진폭발력(출력)을 좋게 한다. (✖) 연료를 흔들 시간이 필요하기 때문 (✖)
② 혼합연료는 주입 전 잘 흔들어서 혼합한 뒤 주입해야한다.
③ 혼합연료에는 내폭성이 낮은 저옥탄가 휘발유를 사용해야 조기점화와 과대폭발로 인한 손상을 막을 수 있다.
　오답 : 옥탄가가 높은 휘발유를 사용한다. (✖)
④ 불법제조된 휘발유를 사용 시 기화기막 또는 연료호스가 녹고 연료통 내막을 부식시키므로 정상 휘발유를 주입한다.

6) 혼합유의 오일함유비 [휘발유(가솔린) : 오일 = 25 : 1]

① 혼합연료에서 오일의 함유비가 높을 경우 스파크플러그에 오일이 덮히게 되면서 연료 연소가 불충분하여 매연이 증가하며, 오일이 연소실에 쌓이게 된다. [출력저하 및 시동불량 발생]

② 반면에, 혼합유의 오일 함유비가 낮을 경우 엔진 내부에 기름칠이 적게 되어 엔진 마모가 발생한다.

기출예제 1

❖ 기계톱에 사용하는 연료는 휘발유 20리터에 오일을 얼마나 혼합해야 하는가?

▶ 풀이) 오일량을 X라 하면, 연료 : 오일 = 25 : 1이므로

20리터 : X = 25 : 1

X = 20 / 25

X = 0.8리터

기출예제 2

❖ 기계톱 혼합유 중 가솔린이 10L라면 윤활유는 몇 리터 혼합해야 하는가?

▶ 풀이) 윤활유량을 X라 하면, 가솔린 : 윤활유 = 25 : 1이므로,

10L : X = 25 : 1

X = 10 / 25

X = 0.4L

기출예제 3

❖ 썰매형 아크야윈치의 혼합연료 제조 시 휘발유 50L에 섞어야 할 엔진오일의 양은?

▶ 풀이) 아크야윈치의 엔진은 2행정기관이므로 연료와 오일의 혼합유를 주유한다.

윤활유량을 X라 하면, 휘발유 : 엔진오일 = 25 : 1이므로,

50L : X = 25 : 1

X = 50 / 25

X = 2L

7) 예불기의 윤활유

① 예불기 엔진의 윤활방식은 혼합 윤활방식이다.

② 예불기 날의 윤활(전동축 윤활)에는 그리스를 사용한다.

③ 예불기 기어케이스에는 #90-120 기어오일(그리스) 20~25cc를 주유한다.

④ 예불기 누계 사용시간 20시간마다 그리스유(윤활유)를 교환한다.

5 체인톱(기계톱)

▶ 주의 : 우리시험에서는 엔진과 기관, 오일과 윤활유(엔진오일), 연료와 휘발유(가솔린), 체인톱과 기계톱을 같은 뜻으로 섞어서 쓰고 있다.

1) 체인톱의 구조와 기능

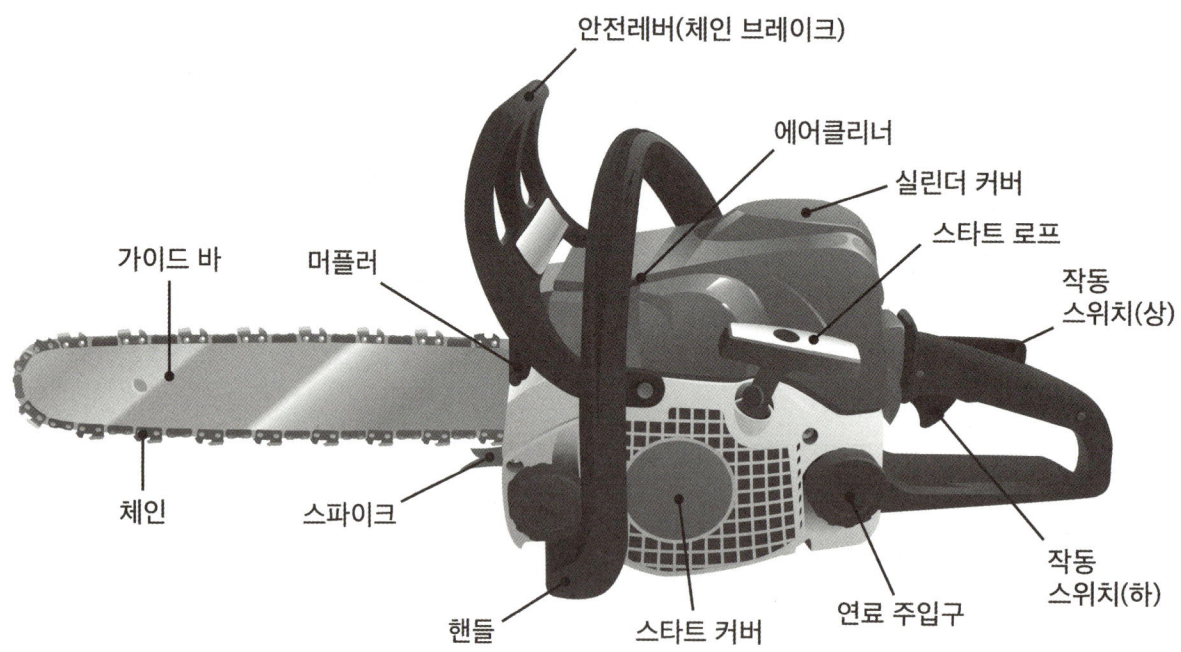

① 체인톱의 엔진(기관)
- 체인톱 기관의 작동원리는 배기·흡입, 압축·폭발의 2행정기관의 작동원리로 이루어진다.
- 체인톱 엔진은 2행정기관으로 클랭크축, 커넥팅로드, 배기공 등은 있으나 밸브기구는 볼 수 없다.

- 체인톱 엔진은 크랭크 축이 1회전 할 때 1회의 폭발, 배기행정이 일어나는 2행정사이클기관이며, 출력(힘)의 표시로 사용되는 국제단위에는 HP(Horse Power), PS(Pferdestärke)가 있다.

② 체인톱 부품별 기능
- **체인장력조정나사** : 체인톱날을 지탱하고 체인이 물려 돌아가는 레일 역할을 하는 안내판을 움직여 준다.
- **공전조절나사(LA나사)** : 체인톱의 공전속도를 조정하는 나사로 스로틀 차단판의 공기흡입량을 조절한다.
- **안내판 코** : 마멸이 제일 심한 부분이며 체인이 느슨하면 안내판 코 윗부분에 요철이 생긴다.
- **스프로킷** : 크랭크 축에 연결되어 체인톱날을 돌려주는 역할을 한다. 엔진에서 생산된 동력은 클러치를 통해 원심력과 마찰력이 증가되면서 스프로킷에 전달된다.
- **초크나사** : 낮은 기온하에서 시동 시 냉각공기량을 차단하는 역할, 혼합기의 농도를 짙어지게 한다.
- **기화기(carburetor)** : 기화기(카뷰레이터)는 엔진의 흡기통로에 위치하여 휘발유를 안개와 같은 상태로 분무하여 공기와 함께 혼합하여 실린더로 보내는 장치이다. 3개의 연료분사구를 가지고 있으며, 스로틀차단판과 초크판 2개의 판이 있다. 연료펌프막의 작용으로 기울어져도 연료흡입이 지속될 수 있는 다이어프램식이다.

    (플로트식이다 (✗)) 다이어프램식(diaphragm) 연료펌프는 피스톤이 하사점일 때 크랭크실 압력 높아진다.
- **스로틀레버** : 체인톱 엔진의 회전속도를 조정할 수 있는 장치로, 기화기의 공기차단판과 연결되어 있다.
- **스로틀레버차단판** : 엑셀 레버를 정확히 잡지 않으면 액셀 레버가 작동되지 않도록 설치된 안전장치이다.
- **클러치** : 체인톱 클러치는 원심형 클러치로 엔진에서 나온 동력을 톱날까지 연결하는 장치다.
- **체인톱의 시동장치** : 플런저는 리코일스타터식이며, 점화장치는 속도조절용 탄차자석이 사용된다.
- **체인톱의 에어필터** : 기관에 흡입되는 공기 중 먼지를 제거하는데 작용을 한다.
- **완충스파이크** : 벌도작업 시 정확한 작업을 할 수 있도록 지지역할 및 완충, 지레받침대 역할을 한다. 체인톱 몸체와 체인작동부 사이에 있는 손톱의 날처럼 생긴 것으로 절단 작업 시 나무에 박고 작업하면 진동이 적고 쉽게 작업이 가능하다.
- **방진고무(rubber buffer)** : 체인톱 몸통과 작업기와의 연결 부위에 끼어 있는 고무뭉치로 작업 시 진동을 예방하는 기능을 한다.

2) 톱체인

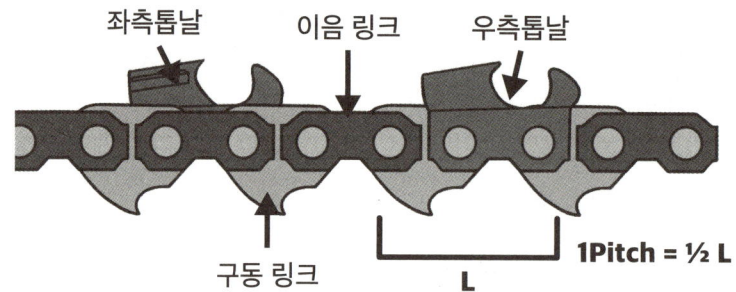

① 톱체인은 주요부품은 (좌우)절단톱날(톱니), (좌우)안전이음쇠, 구동링크, (결합)리벳 4개의 부품으로 구성된다.
② **피치란** 리벳 3개의 간격을 2등분하여 인치로 표시한 것으로 스프로킷의 피치와 일치하여야 한다.
③ 톱체인의 평균사용시간은 150시간으로 체인톱 연간 가동시간이 600시간이라면 톱체인은 4개가 소모된다.
④ **체인톱 톱니의 종류** : 대패형(치퍼형) 톱니, 반끌형(세미치즐형) 톱니, 끌형(치즐형) 톱니
 - **대패형(원형) 톱날** : 초보자용으로 적합하며 가로수와 같이 모래나 흙이 묻어 있는 나무를 벌목하기에 적당한 톱날이다.
 - **반끌형(세미치즐형) 톱날** : 개량형 톱날로 목공용이나 가정용으로 주로 사용된다.
 - **끌형(치즐형) 톱날** : 톱날이 각이 져서 절삭저항이 작고 숙련자는 높은 능률을 올릴 수 있지만 줄을 사용하여 톱니를 세워야 하므로 초보자에게는 적합하지 않다.

TIP! ★체인톱 Key Points★

- 체인톱 구입 시 STIHL 028 AV라고 표시되어 있다면, AV(Anti-Vibration)는 진동방지장치가 부착되어 있다는 뜻이다.
- 체인톱의 안전장치에는 방진고무, 체인브레이크, 지레발톱(완충스파이크)등이 있다.
- 기계톱 기화기의 벤투리관으로 유입된 연료량은 **<고속조절나사와 공전조절나사>**로 조정될 수 있다.

기출예제

❖ 체인톱니 3개의 리벳 간격이 16.5mm일 때 톱니의 피치는?
▶ 피치는 리벳 3개 간격의 1/2이므로 16.5 / 2 = 8.25mm
1인치 = 2.54cm이고 1mm = 0.03937인치이므로
8.25mm를 인치로 나타내면 8.25 × 0.039
= 0.325"(인치)

3) 체인톱날의 연마(날세우기)

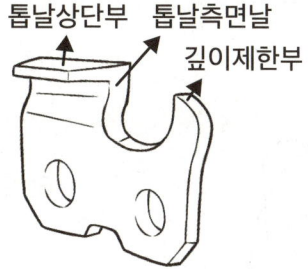

① 체인톱날 여마 시 필요한 도구는 **평줄, 원형줄, 깊이제한척**이다.
② **대패형(둥근형) 톱날**연마 시 올바른 각도는 **창날각 35도, 가슴각 90도, 지붕각 60도**이다.
③ 체인 연마 시 가장 적합한 방법은 **줄질을 적게 자주하는 것**이다.
④ **창날각**이 고르지 못하면 원목을 절단할 경우 절단면에 파상무늬가 생기며 체인이 한쪽으로 기운다.
⑤ 피치가 3/8 inch인 대패형 톱날의 경우 처음 줄을 이용하여 연마 시 줄의 굵기는 5.5mm가 적합하다.

- **창날각** : 절삭날이 톱날의 옆면과 이루는 각도이다.
  창날각이 너무 작으면 체인이 한쪽으로 기울고, 절단면에 파상무늬가 생긴다.
  창날각이 너무 크면 절삭날이 목재로부터 벗어나 측면에 끼인다.
- **가슴각** : 절삭날이 톱날의 최하단선과 이루는 각도이다.
  절단용 톱날의 가슴각은 최하단선과 직각(90도)을 이루어야 한다.
- **지붕각** : 상부의 날이 톱날의 최하단선과 이루는 각도이다.
  지붕각이 너무 작으면 부품이 파괴될 위험이 있다.
  지붕각이 너무 크면 절삭력이 떨어진다.

⑥ 체인톱날 연마(날세우기) 시 올바른 각도

구분	각도 범위	대패형	반끌형	끌형
창날각		35도	35도	30도
가슴각		90도	85도	80도
지붕각		60도	60도	60도

⑦ 체인톱의 체인을 원통줄을 사용하여 연마하고자 하는 때에는 보통 **줄직경의 1/10 정도가 톱날 위로 나오게 하여 줄질**한다.

기출예제

❖ 다음 그림은 체인톱 체인의 대패형 톱날부위를 위에서 내려다 본 것으로 창날각 (A)의 각도는 얼마로 연마해야 하는가?

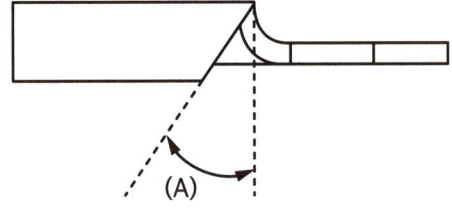

▶ 정답 : 35도

⑧ 체인에서 날길이가 모두 같지 않으면 톱이 심하게 튀거나 부하가 걸리며 안내판 작용이 어렵다.

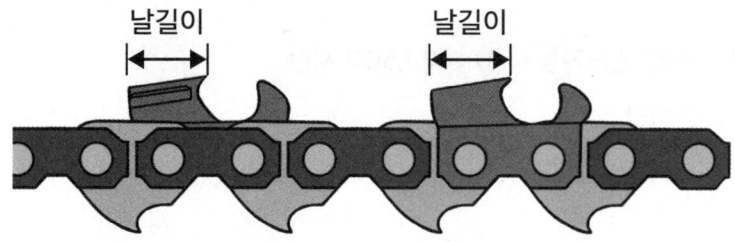

⑨ 절삭 깊이와 깊이 제한부 연마

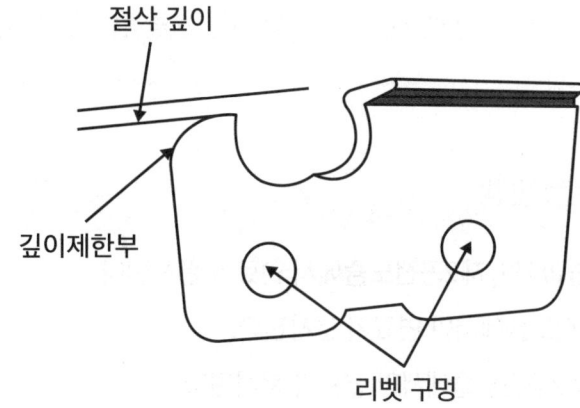

- 깊이제한부는 기계톱에서 절삭 두께 높이에 영향을 주는 요소로 연마하여 작업능률과 기계 및 체인의 수명을 높여야 한다. 깊이제한부의 역할은 절삭된 톱밥을 밀어내며, 절삭 두께와 절삭 각도를 조절한다.
- 절삭날과 깊이제한부의 높이 차이를 절삭깊이(depth 뎁스)라 하며, 이는 톱날이 절삭할 수 있는 깊이를 말한다.
- 깊이제한부를 너무 높게 연마 시 절삭깊이가 너무 얕아 작업효율이 떨어진다.
- 깊이제한부를 너무 낮게 연마 시 절삭깊이가 너무 깊어져 톱밥이 두껍게 나오고 톱날에 심한 부하가 걸린다.
- 또한, 안내판과 톱니발의 마모가 심해 수명이 단축되며, 체인 절단 사고의 우려도 있으므로 깊이제한부의 연마는 적절한 깊이로 해야한다.

4) 체인톱의 수명

① **체인톱 자체의 수명(엔진가동시간)** : 약 1,500 시간
② **톱체인** : 약 150 시간
③ **안내판** : 약 450 시간

5) 체인톱의 동력전달순서

> 피스톤 → 크랭크축 → 클러치 → 스프로킷 → 체인톱날

6) 엔진톱 기화기의 작동 단계

① **시동단계** : 주노즐과 제1, 제2공전노즐에서 연료가 분사된다.
② **공전단계** : 제1공전노즐에서만 연료가 분사된다.
③ **저속단계** : 제1, 제2공전노즐에서만 연료가 분사된다.
④ **고속단계** : 주노즐과 제1, 제2공전노즐에서 연료가 최대로 분사된다.

6 예불기(예초기)

① 소형 원동기를 동력으로 둥근 톱, 특수 날 따위를 사용하여 잡초, 산에서 나는 대나무, 관목들을 자르는 1인용 운반식 기계를 말한다.
② 예불기 톱날의 회전 방향은 **시계반대방향**, 작업자간 **최소 안전거리 10m**이다.
③ **지상으로부터의 날 높이는 10~20cm**이어야 한다.
④ **예불기 연료는 가솔린과 엔진오일의 혼합유를 사용한다. [혼합비 휘발유 : 엔진오일 = 15 : 1]**
예불기 혼합연료는 엔진톱보다 윤활유(엔진오일)가 더 많이 들어간다.

08 산림작업 장비의 정비 및 안전관리

1 체인톱의 정비

1) 체인톱의 일반 점검 / 정비 원칙

① 안내서 정독
② 규정된 연료혼합비율 준수
③ 알맞은 공구 사용
④ 새 체인으로 교체 시 오일을 충분히 주입 후 낮은 RPM으로 가동

2) 체인톱의 일일정비 대상

① 에이필터(공기청정기) 청소(1일 1회 이상 정비)
② 안내판 손질
③ 휘발유와 오일의 혼합

3) 체인톱의 주간정비 대상

① 에어컴프레셔나 솔로 전반적인 청소 실시
② 각종 호스, 전기배선 점검 및 나사 고정
③ 안내판 홈의 깊이가 충분한지, 홈 넓이의 고르기 점검
④ 안내판 회전롤러 견고성 점검
⑤ 체인톱날 마모 및 파손, 기타 손상부위의 검사(파손 시 교환)
⑥ 체인의 전동쇠 검사
⑦ 휘발유나 석유로 체인을 깨끗하게 청소 후 윤활유에 담가둔다.

⑧ 점화플러그의 외부점검

⑨ 점화플러그의 양극간격 조정(0.4-0.5mm)

⑩ 점화플러그의 정비(몸체의 플러그 삽입구멍 포함)

⑪ 점화상태 점검결과에 따라 점화플러그 교환

4) 체인톱의 분기(계절)정비 대상

① 기화기 연료막 점검 및 엔진오일 펌프 청소

② 시동줄 및 시동스프링 점검

③ 연료통 및 여과기(연료필터) 청소

5) 체인톱 장기보관 방법

① 방청유를 발라서 보관

② 오일통과 연료통을 비워서 보관

③ 청소를 깨끗이 하여 보관

④ 습기와 먼지가 없는 건조한 곳에 보관(지하실은 피한다.)

7) 정비 및 보관 Key Points

① 체인을 일시보관 할 때 오일(윤활유)통에 넣어 두면 수명을 연장하고 파손을 방지할 수 있다.

② 분해된 체인 안내판을 다시 결합할 때 가장 먼저 〈체인장력조정나사〉를 시계 반대방향으로 돌린다.

③ 에어필터(공기청정기) 청소 시에는 경유, 석유, 휘발유는 사용 가능하나 체인톱연료로 청소해서는 안된다.

④ 체인톱의 오일펌프 고장 시 윤활작용이 원활하지 못해 안내판과 체인 마모가 심해진다.

⑤ 체인톱의 연료탱크(또는 연료탱크 커버)의 공기구멍이 막혀 있으면, 연료를 기화기로 뿜어 올리지 못하므로 엔진이 가동되지 않는다.

⑥ 인체공학적 측면에서 체인톱은 [소음과 진동]으로 인한 문제가 가장 크다.

2 체인톱 기능장애 원인 및 조치

1) 엔진 과열 시 점검해야 할 사항

① 기화기의 조절 불량인지 체크한다.
② 연료 내에 오일혼합량이 부족한지 체크한다.
③ 점화코일과 단류장치에 결함이 있는지 체크한다.
④ 냉각팬에 먼지가 다량 흡착되어 있는지 체크한다.

2) 체인톱 엔진이 돌지 않는 원인

① 연료탱크가 비어있다.
② 기화기 내 연료가 막혀있다.
③ 플러그 점화 케이블 결함이 있다.

3) 체인톱 엔진이 고속회전하다가 갑자기 정지되었다면?

연료탱크에 공기 주입이 막혀있다.

4) 체인톱의 킥백존(Kick back zone)

아래 그림처럼 엔진톱 가이드바의 상단 전면 가장 위쪽부분이 절단할 나무에 닿아서 반발작용으로 인해 작업자 방향으로 날부분이 튀어올라 위험하므로 벌목작업 시 킥백존(Kick back zone)은 원칙적으로 사용해서는 안되는 부분이다.

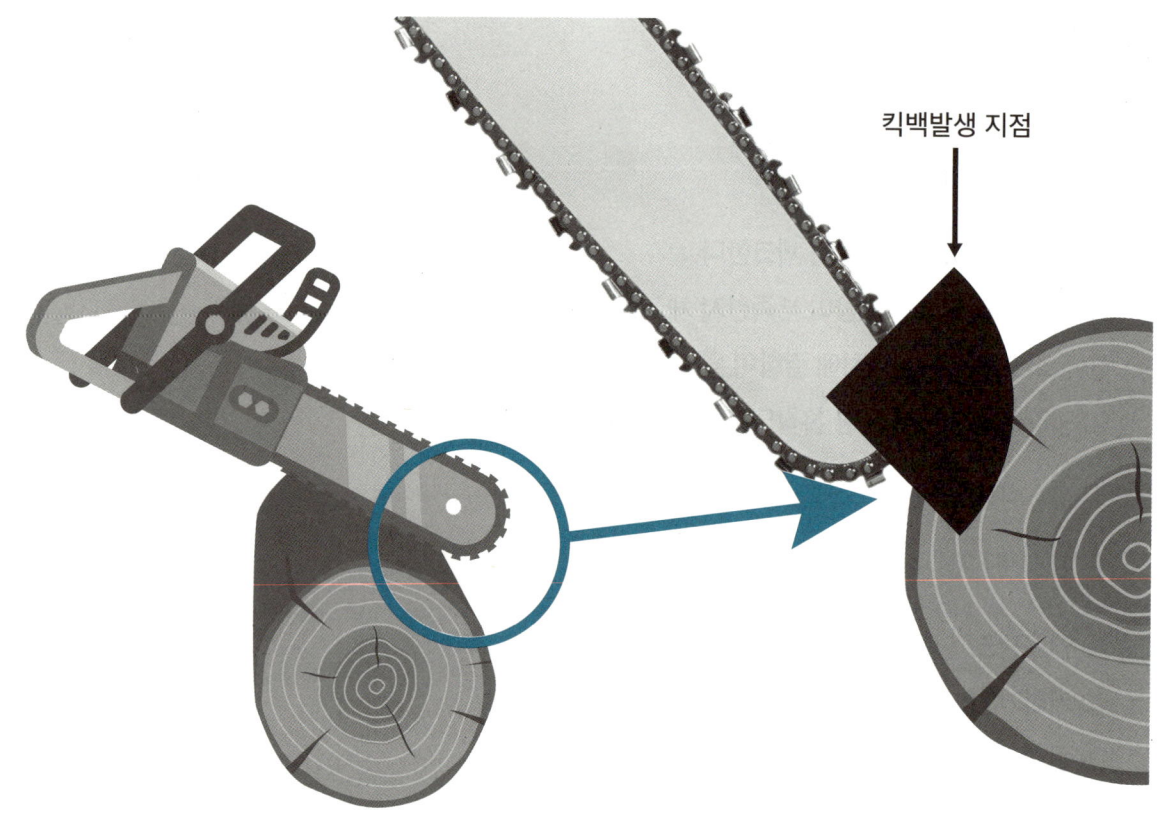

킥백발생 지점

3 체인톱 작업 시 유의사항

1) 체인톱을 이용한 가지치기

① 작업자의 체형과 작업현장에 맞는 크기의 체인톱을 사용한다.
　오답 : 안내판 긴 대형체인톱 (✗), 안내판 짧은 중기계톱 (✗)
② 벌목한 나무를 몸과 체인톱 사이에 놓고 전진하면서 작업한다.
③ 작업자는 벌목한 나무 가까이에 서서 작업하며, 체인톱은 자연스럽게 움직여야 한다.
④ 벌도된 나무에 체인톱을 가능한 얹어놓고 작업한다.

2) 체인톱 사용 안전 준수사항

① 톱날이 움직일 때는 이동을 금지한다.
② 연료 주입 시에는 반드시 금연해야 한다.
③ 안전모, 안전장비를 착용한다.

④ 시동 시 반드시 톱날집을 벗겨야 한다.
⑤ 안내판은 안내판 보호집에 넣고 경사지를 내려갈 때는 안내판이 앞으로 오게 한다.
⑥ 경사지를 올라갈 때는 안내판이 뒤쪽을 향하게 하여 미끄러 넘어졌을 때 사람이 톱쪽으로 넘어지지 않게 한다.
⑦ 엔진 가동 상태에서 톱을 이동시켜서는 안되며, 반드시 엔진 정지 후 운반한다.
⑧ 안내판 코부분으로 작업 시 킥백을 유발하는 반발작용으로 위험하므로 작업을 삼간다.
⑨ 절단작업 시에는 스로틀레버를 충분히 잡아 가속한 다음 사용한다.
⑩ 기계작업 전이나 작업 중 음주는 시각, 감각, 판단장애를 일으킨다.
⑪ 개인 안전장비로는 안전모자, 안전작업복, 안전화 등이 있다. (브레이크 (✗))

3) 안내판(Guide bar)의 마모

▶ 안내판의 홈이 마모되어 홈의 간격이 체인 연결쇠의 두께보다 클 경우, 체인톱 작동 시 절삭 방향이 비뚤게 나갈 위험이 높다.

4 예불기 작업 시 유의사항

① 예불기의 톱날 각도는 5~10도를 유지하는 것이 안전에 좋다.
② 예불기의 톱날회전 방향은 시계 반대 방향(좌→우)이므로 우측에서 좌측으로 작업한다.
③ 예불기(하예기) 작업 시 작업자 상호간의 최소 안전거리는 10m이다.
④ 어깨걸이식 예불기를 메고 손을 떼었을 때 지상으로부터 날까지의 가장 적절한 높이는 10~20cm
⑤ 예불기용 안전장비에는 안전덮개, 안면보호망, 안전복 등이 있다.
  오답 : 체인브레이크 (✗)
⑥ 예불기 카브레이터는 100시간 마다 청소해준다.

> **기출예제**

> ❖ 예불기 날의 종류
>   ▶ 원형톱날 : 풀베기 작업, 조림지 정리, 어린 나무 가꾸기 작업용

> **[참고] 경운기의 벨트 조정 방법**
> ▶ 벨트 가운데를 손가락으로 눌러서 2~3cm 정도 처지는 상태가 적합하다.

5 소형 동력 윈치

1) 소형동력 윈치 사용목적

① 수라 설치를 위한 견인용이다.
② 설치된 수라의 집재선까지의 횡집재용이다.
③ 대형 집재장비의 집재선까지의 소집재용이다.
④ 대경재목의 장거리 집재용으로는 부적합하다.

2) 소형동력 윈치의 일일점검 사항

① 에어필터 점검
② 와이어로프 점검
③ 볼트 및 너트 풀림상태 점검
   오답 : 기어오일 점검 (✗)

6 산림작업 안전관리

1) 산림작업 안전 관련 빈출 KEYWORD!

① 1년 중 안전에 대한 재해가 가장 많은 계절은 [여름]이다.
② 작업장에서 작업자 배치 시에는 가장 먼저 [안전성 최대화]를 고려해야 한다.
③ 산림작업 중 사고율이 가장 높은 작업공종은 [임목수확작업]이다.
④ 벌목 등 산림 작업 시 [다리] 부위의 사고율이 가장 높다.
⑤ 벌목 작업 시 작업도구의 정돈 방향은 **벌목 방향의 반대편**이다.
⑥ **겨울철 임목수확작업의 장점**은 수액정지 기간에 작업하므로 양질의 목재를 얻을 수 있다.
⑦ 겨울철 작업 시 목도리 착용 등 작업에 방해가 되는 복장은 피한다.

2) 안전사고의 원인

① **직접적 요인**
- 불안전한 상태
- 기계나 장비의 부적당한 설치, 위험한 배치
- 결함이나 위험성이 있는 장비
- 불안전한 행동
- 전문지식의 결여 또는 숙련도의 부족

② **간접적 요인**
- 안전교육 미비, 안전수칙 미수립
- 작업 중 안전관리 미흡
- 가정환경, 사회불만 등
- 직접원인 외의 요인

❖ 안전사고 발생율이 가장 높은 원인은?
  √ [안전작업 미숙과 부주의에 따른 불안전한 행동]

③ **인적요인과 물적요인**
- **인적요인** : 위험장소에 접근, 안전장치 기능 제거, 불안전한 속도조작

- **물적요인** : 기계, 장비의 자체결함, 안전 방호장치(방호복, 보호장구류)결함
  작업과정, 작업장소, 작업환경의 결함 등

- 인체에 직접적 영향을 미치는 작업환경
  - 소음, 진동, 배기가스, 기후와 분진

④ 소음으로 인한 사고 방지책
- 기계톱의 고속회전 시 소음 강도 : 100~115dB
- 소음원제거 / 소음원 차단(소음원의 밀폐) / 흡음과 차음(방음판, 방음벽 설치) / 진동음 제거

3) 산림작업 안전사고 예방 대책

① 무리한 작업계획은 피하고 충분한 안전시설 및 설비를 갖추어야 한다.
② 노무자에게 안전관리의 목적과 내용을 충분히 숙지시켜야 한다.
③ 감독자는 개개의 작업을 분석하여 위험이 예상되는 곳에 사고방지대책을 세워야 한다.
④ 몸 전체를 고르게 움직임으로써 경직과 긴장을 해소한다.
⑤ 규칙적, 정규적으로 휴식시간을 가진다.
⑥ 벌목 작업에서 능률과 안전을 함께 고려할 때 가장 적합한 작업조 편성은 2인 1조다.
⑦ 2인 1조 2개팀이 벌목 작업 시 벌도목 수고(기준)의 2배 이상 최소 안전거리를 확보한다.
⑧ 신중한 작업계획 하에 작업을 실행한다.
⑨ 한가지 작업을 계속하는 것보다 여러 작업을 교대로 하는 것이 좋다.

4) 작업자의 작업능률 향상에 지장을 주는 작업 행동 장해 조건

① 좁은 작업공간 및 장애물 방치
② 적합하지 않은 복장
③ 기계 장비의 인간 공학적 결함
  오답 : 안전표지 부착 (✘)

5) 안전화의 조건

① 밑바닥이 미끄러지지 않아야 한다.
② 안전화 코에는 쇠가 들어있어야 한다.(철판으로 보호된 코)
③ 물이 스며들지 않아야 한다.
④ 발이 찔리지 않도록 특수보호 재료로 제작되어야 한다.
⑤ 땀의 배출이 잘 되어야 한다.

> **오답** : 땀의 흡수가 어려운 고무재질 (✘), 진동 예방이 되어야 한다. (✘)

7 산림작업 관리업무

1) 고정비용과 가변비용 항목

- **고정비용** : 창고보관비, 세금, 보험
- **가변비용** : 입목대금, 연료비, 소모성 재료비

2) 직접임금과 간접임금

- **직접임금** : 개인에게 지급 ▶ 임금, 수당, 상여금, 퇴직금 등
- **간접임금** : 관리 및 복리후생 목적 ▶ 산재보험료, 건강보험료, 연금, 가족수당, 훈련비, 복리후생비 등

3) 감가상각

① 감가상각이란 건물, 기계, 설비 등의 고정자산의 가치는 시간 경과와 사용에 따라 점차 가치가 감소하게 되는데, 이러한 가치의 감소를 감가라 하며, 감가상각은 이 감가를 보상하는 것을 말한다.

② 감가상각비의 계산
  정액법(직선법) : 가장 간단하고 보편적인 감가계산법으로 매년 감가되는 정도가 일정하다는 전제로 간단히 계산할 수 있다.

- 매년의 감가상각비(D)는 구입가격(C)에서 폐물가격(S)을 뺀 가격을 내용연수(N)로 나누어 구한다.

$$D = \frac{C - S}{N}$$

D : 매년 감가되는 감가상각비 C : 구입가격
S : 폐물가격   N : 내용연수

- 총 감가상각비 = 단위 기간 당 감가상각비 × 실제 작업기간

기출예제 1

❖ A 회사가 보유중인 체인톱은 취득원가가 50만 원이고, 폐기할 때의 잔존가치가 5만 원으로 추정된다. 이 톱의 총 사용 가능 시간은 9만 시간인데 실제 작업시간은 4,500시간일 때의 시간당 감가상각비과 총 감가상각비를 구하시오.

▶ 〈해설〉

1시간당 감가상각비 = (구입가격 - 폐물가격) / 내용연수(시간)이므로

= (50만 원 - 5만 원) / 9만 시간

= 450,000 / 90,000 = 5원

총 감가상각비 = 시간당 감가상각비 × 실제 작업시간 = 5원 × 4500시간 = 22,500원

기출예제 2

❖ 4천만 원으로 산림작업용 트랙터 1대를 구입했다. 10년간 사용 가능하며 10년 후 잔존가치를 100만 원으로 추산한다면 직선법에 의해 이 기계의 매년 감가상각비는?

▶ 〈해설〉

연간 감가상각비 = (구입가격 - 폐물가격) / 내용연수이므로

= (4,000만 원 - 100만 원) / 10년

= 3,900만 원 / 10년

= 390만 원 (= 3,900천 원)

2026 유튜버 파이팅혼공TV

산림기능사
- 기출 스피드 문답암기 5회분 -

이 파트에서는 **답이 미리 표시된 보기와 해설**을 문제와 함께 연결시켜 **빠르게 암기**하실 수 있도록 구성하였습니다.

유튜브 검색창에 **[산림기능사 한방에 정리]로 검색**하셔서 **영상과 함께 공부**하시는 것을 추천드립니다. 무작정 혼자 공부하는 것보다 **훨씬 효율적인 공부**가 될 것입니다.

▶ 우리의 뇌는 문제를 풀 때 내가 찍은 보기가 정답이 되어야 하는 로직(logic)를 만들어 머리 속에 각인시킵니다. 그래서 모르는 문제에 많은 시간을 할애하여 나만의 로직을 만들어 풀었는데 틀리게 되면, 한번 틀린 문제는 계속해서 틀리게 됩니다. 오답노트를 만들거나 정답지문의 반복암기를 통해 머리 속에 남아 있는 먼저 입력된 로직을 깨부수지 않고는 쉽게 이러한 선입견이 사라지지 않습니다.

▶ 따라서 처음부터 무작정 문제형식으로 풀어보는 것보다는 답이 표시되어 있는 문제와 답을 연결시켜 정답과 오답을 분리하여 이해하고 암기하는 것이 산림기능사 시험과 같은 문제의 풀(pool)이 제한되어 있는 문제은행식 시험에 적합한 초단기 합격 비결이라 생각합니다.

기출 스피드 문답암기

001

발아율 90%, 고사율 10%, 순량률 80% 일 때 종자의 효율은?

① 14.4%
② 16.0%
③ 18.0%
④ 72.0%

해 **종자의 효율**은 **순량률 × 발아율**로 나타낸다.
- 순량률 0.8 × 발아율 0.9 = 0.72
- 종자의 효율은 72%이다.

암기 TIP! 종자의 효율은 순발력이다!

002

산벌작업의 특성에 대한 설명으로 가장 옳은 것은?

① 약간 음수성을 띤 수종에 알맞은 작업종이고 갱신이 짧다.
② 약간 음수성을 띤 수종에 알맞은 작업종이고 갱신이 비교적 오래 걸린다.
③ 약간 양수성을 띤 수종에 알맞은 작업종이고 갱신이 비교적 오래 걸린다.
④ 약간 양수성을 띤 수종에 알맞은 작업종이고 갱신이 짧다.

해 산벌작업은 비교적 짧은 기간 동안에 몇 차례로 나누어 베어내고 마지막에 모든 나무를 벌채하여 숲을 조성하는 방식으로 예비벌, 하종벌, 후벌의 순서로 갱신되는 작업종이다. 약간의 음수성을 띤 수종의 갱신에 잘 이용될 수 있으며, 갱신이 비교적 오래 걸린다.

003

다음 중 **조림수종의 선택조건**에 맞지 않는 것은?

① 가지가 굵고 긴 나무
② 입지 적응력이 큰나무
③ 위해(危害)에 대하여 적응력이 큰나무
④ 성장속도가 빠른 나무

🄷 조림 수종을 선택할 때는 가지가 짧고 가늘며, 줄기가 곧고 굵은 것을 선택한다.

004

다음 중 **왜림작업**으로 가장 적합한 수종은?

① 전나무
② 향나무
③ 아까시나무
④ 가문비나무

🄷 왜림작업은 주로 연료(땔감)이나 소형재를 채취하기 위해 짧은 벌기로 벌채하는 것으로 아까시나무, 리기다소나무 등의 수종이 적합하다.

005

우리나라 삼림대를 구성하는 요소로써 일반적으로 북위 35° 이남, 평균기온이 14℃ 이상 되는 지역의 산림대는?

① 열대림
② 난대림
③ 온대림
④ 온북대림

🄷 우리나라 북위 35° 이남, 평균기온이 14℃ 이상 되는 지역의 산림대는 난대림이다. 경상남도, 전라남도가 해당된다.

006

열간거리 1.0m, 묘간거리 1.0m로 묘목을 식재하려면 1ha 당 몇 그루의 묘목이 필요한가?

① 3,000
② 5,000
③ 10,000
④ 12,000

🄷 면적(ha)에 따른 식재에 필요한 묘목의 본수 계산은 식재면적(m^2)을 "묘목사이의 거리(m)×줄사이의 거리(m)"로 나누어주면 된다.
- 식재면적 1ha = 10,000m^2
- 소요묘목본수 = 10,000m^2 / (1m×1m) = 10,000본

007

다음 중 정선종자의 수율이 가장 높은 수종은?

① 가문비나무
② 소나무
③ 편백
④ 전나무

🔳 정선종자의 수율이 높다는 것은 열매를 선별하여 얻은 종자의 수가 많다는 것으로 가문비나무는 2.1%, 소나무 2.7%, 편백 11.4%, 전나무는 19.2%로 보기에서 전나무가 수율(수득율)이 가장 높다.

008

산벌작업의 순서로 옳은 것은?

① 후벌 → 예비벌 → 하종벌
② 하종벌 → 후벌 → 예비벌
③ 하종벌 → 예비벌 → 후벌
④ 예비벌 → 하종벌 → 후벌

🔳 산벌작업은 갱신을 준비하는 단계인 예비벌(수광벌), 모수로부터 종자를 떨어뜨려 치수 발생을 돕는 하종벌, 치수의 발육을 촉진하는 후벌의 순서로 진행된다.

암기 TIP! 산벌 - 예하후

009

모수작업법에 대한 설명으로 옳은 것은?

① 임지를 정비해줌으로써 노출된 임지의 갱신이 이루어질 수 있다.
② 벌채가 집중되므로 경비가 많이 든다.
③ 종자의 비산능력을 갖추지 않은 수종도 가능하다.
④ 토양의 침식과 유실 우려가 거의 없다.

🔳 모수작업법은 성숙한 임분을 대상으로 벌채를 실시할 때 모수가 되는 임목을 산생시키거나 군상으로 전 재적의 약 10%를 남겨두어 갱신에 필요한 종자를 공급하게 하고 그 밖의 임목(전 재적의 약 90%)은 개벌하는 갱신방법으로 양수수종 갱신에 적합하다. 남겨진 모수(어미나무)는 종자 공급 후 갱신이 끝나면 벌채된다. 모수작업에 의해 갱신된 임분은 동령림 형태이다. 벌채작업이 한 지역에 집중되므로 작업이 간단하고 경제적이다. 보잔목 종자가 비교적 가벼워 잘 날아갈 수 있는 수종에만 적용될 수 있다.(소나무, 해송)

010

노천매장법 중 파종하기 한 달쯤 전에 매장하는 것이 발아촉진에 도움을 주는 수종은?
① 백합나무
② 측백나무
③ 옻나무
④ 가래나무

해 측백나무, 소나무, 낙엽송, 가문비나무 등은 노천매장 시 파종하기 1개월 전 즈음 매장하는 것이 발아촉진에 도움이 된다.

011

묘목의 뿌리가 2년생, 줄기가 1년생을 나타내는 삽목묘의 연령 표기를 바르게 한 것은?
① 2 - 1묘
② 1 - 2묘
③ 1/2묘
④ 2/1묘

해 삽목묘의 연령표기

$$= \frac{줄기의\ 나이}{뿌리의\ 나이}\ 묘$$

뿌리가 2년생, 줄기가 1년생이므로 1/2묘로 표기한다.

012

발근촉진제로 쓰이는 식물성 호르몬제는?
① 지베렐린
② AMO - 1618
③ 나프탈렌아세트산(NAA)
④ 수산화나트륨

해 발근촉진제에는 나프탈렌아세트산(나프탈렌초산 NAA), 인돌부틸렌산(IBA), 인돌초산(IAA), 루톤 등이 있다. 지베렐린은 줄기신장과 개화시기에 관여하는 생장조절 식물호르몬이며, AMO-1618은 생장억제제, 수산화나트륨은 가성소다라고도 하며 산(酸)의 중화제로 널리 사용된다.

013

어미나무를 비교적 많이 남겨서 천연갱신을 통해 후계림을 조성하되 어미나무는 대경재 생산을 위해 그대로 두는 작업종은?
① 개벌작업
② 산벌작업
③ 택벌작업
④ 보잔목작업

해 모수작업과 보잔목작업은 유사한 형태를 띤 작업종이다.

014

그루터기에서 발생하는 맹아를 이용하여 후계림을 만드는 작업을 무엇이라 하는가?

① 왜림작업
② 개벌작업
③ 산벌작업
④ 택벌작업

해 왜림작업의 설명이다. 키워드는
<그루터기 맹아를 이용한 후계림 작업>

015

데라사키식 간벌에 있어서 간벌량이 가장 적은 방식은?

① A종 간벌
② B종 간벌
③ C종 간벌
④ D종 간벌

해 A종 간벌은 주요 임목은 손대지 않는 약도 간벌로 데라사키식 간벌에 있어 간벌량이 가장 적은 방식이다.

016

일본잎갈나무 1-1묘 산출 시 근원경의 표준규격은?

① 3mm 이상
② 4mm 이상
③ 5mm 이상
④ 6mm 이상

해 조림용 묘목규격표 상의 일본잎갈나무(낙엽송) 1-1묘 산출 근원경의 표준규격은 6mm 이상이다.

017

지력을 향상시키기 위한 비료목으로 적당하지 않은 것은?

① 오리나무
② 갈참나무
③ 자귀나무
④ 소귀나무

해 비료목 암기 TIP! 아자칡싸보오소
- **아**까시나무, **자**귀나무, **칡**, **싸**리나무, **보**리수나무, **오**리나무, **소**귀나무

018

묘목 가식에 대한 설명으로 옳지 않은 것은?
① 동해에 약한 유묘는 움가식을 한다.
② 비가 올 때에는 가식하는 것을 피한다.
③ 선묘 결속된 묘목은 즉시 가식하여야 한다.
④ 지제부는 낮게 묻어 이식이 편리하게 한다.

해 지제부는 토양과 줄기의 경계 부분으로 묘목 가식 시 지제부는 10cm 이상 묻히도록 심는다.

019

산벌작업 과정에서 모수로 부적합한 것을 선정하여 벌채하는 작업은?
① 종벌
② 후벌
③ 하종벌
④ 예비벌

해 산벌작업은 예비벌-하종벌-후벌 순으로 진행되며 모수로 부적합한 것을 선정하여 벌채하는 작업은 예비벌 단계이다.

020

겉씨식물에 속하는 수종은?
① 밤나무
② 은행나무
③ 가시나무
④ 신갈나무

해 겉씨식물은 보통 침엽수이고, 속씨식물은 대체로 활엽수이다. 은행나무는 침엽수로 겉씨식물이다.

021

종자 정선 후 바로 노천매장을 하는 수종은?
① 벚나무
② 피나무
③ 전나무
④ 삼나무

해 채종 후 정선하여 바로 노천매장을 하는 수종에는 벚나무, 단풍나무, 들메나무, 잣나무, 백송, 호두나무, 느티나무, 은행나무, 목련, 백합나무 등이 있다.

022

갱신 대상 조림지를 **띠모양**으로 나누어 **순차적으로 개벌**해 가면서 **갱신**하는 것으로 **3차례 이상에 걸쳐서 개벌**하는 것은?

① 군상 개벌법
② 대면적 개벌법
③ 교호 대상개벌법
④ **연속 대상개벌법**

해 교호대상 개벌작업은 수풀을 띠 모양으로 구획하고 2번의 개벌을 교대로 실시하여 갱신을 끝내는 벌채방식이다. 여기서 **띠 수를 더 늘려 3차례 이상에 걸쳐서 개벌**하는 것을 **연속 대상개벌법**이라 한다.

023

개벌작업의 장점으로 옳지 않은 것은?

① 양수 수종 갱신에 유리하다.
② 방법이 간단하여 경영이 용이하다.
③ **임지의 모두 수목이 제거되어 지력 유지에 용이하다.**
④ 동령림이 형성되어 모든 숲 가꾸기 작업이 편하고 경제적이다.

해 **임지의 모든 수목이 제거되면 임지가 황폐화되고 지력이 떨어진다.**

024

매년 결실하는 수종은?

① 소나무
② **오리나무**
③ 자작나무
④ 아까시나무

해 오리나무, 버드나무, 포플러류는 매년 결실을 맺는 수종이다. 소나무, 자작나무, 아까시나무는 격년 결실을 맺는 수종이다.

025

모수작업법에 대한 설명으로 옳지 않은 것은?

① 양수 수종의 갱신에 유리하다.
② 작업방법이 용이하고 경제적이다.
③ **작업 후 낙엽층이 손상되지 않도록 주의한다.**
④ 소나무의 갱신 치수가 발생하면 풀베기를 해줘야 한다.

해 토양수분 보유를 위해 **낙엽층 손상을 우려**하는 것은 음수수종 임지에 대한 작업종에 해당된다. **양수 수종에 적합한 모수작업**은 임지가 노출되고, 잡초가 무성해지며 표토의 습윤도 유지에 불리하다.

026

파이토플라스마에 의해 발병하지 않는 것은?
① 뽕나무 오갈병
② 벚나무 빗자루병
③ 오동나무 빗자루병
④ 대추나무 빗자루병

해 **파이토플라스마**에 의해 발병하는 수목병은 **뽕**나무 오갈병, **오**동나무 빗자루병, **대**추나무 빗자루병이다. 벚나무 빗자루병은 **자낭균**에 의해 발병한다.

암기 TIP! 파이토플라스마 - 뽕오대

027

소나무좀에 대한 설명으로 옳은 것은?
① 주로 건전한 나무를 가해한다.
② 월동 성충이 수피를 뚫고 들어가 알을 낳는다.
③ 1년 2회 발생하며 주로 봄과 가을에 활동한다.
④ 부화한 유충은 성충의 갱도와 평행하게 내수피를 섭식한다.

해 소나무좀은 주로 **쇠약한 나무나 벌채된 목재를** 가해하며, 월동 성충이 수피를 뚫고 알을 낳는다. 1년 1회 3~4월 발생하며 유충은 성충의 **갱도와 직각 방향**으로 섭식한다.

028

잠복기간이 가장 **짧은** 수목병은?
① 소나무 혹병
② 잣나무 털녹병
③ 포플러 잎녹병
④ 낙엽송 잎떨림병

해 **포플러 잎녹병**의 잠복기간은 4일~6일로 가장 짧다. 낙엽송 잎떨림병은 1개월~2개월, 소나무 잎녹병은 10개월~1년 10개월, 잣나무 털녹병은 3년~4년으로 가장 길다.

029

밤나무혹벌의 번식형태로 옳은 것은?
① 단위생식
② 유성생식
③ 다배생식
④ 유성번식

해 밤나무혹벌은 **암컷만으로 번식하는 단위생식**을 한다.

030

주제를 용제에 녹여 계면활성제를 유화제로 첨가하여 제재한 약제 종류는?

① 유제
② 입제
③ 분제
④ 수화제

해 유제(乳劑)는 물에 잘 녹지 않는 주제를 용제에 녹여 유화제를 첨가한 용액이다.

031

주풍(계속적이고 규칙적으로 부는 바람)에 의한 피해로 가장 거리가 먼 것은?

① 수형을 불량하게 한다.
② 임목이 생장량이 감소된다.
③ 침엽수는 상방편심 생장을 하게 된다.
④ 기공이 폐쇄되어 광합성 능력이 저하된다.

해 기공 폐쇄와 광합성 능력 저하는 주로 한발(旱魃) 가뭄으로 인한 수분스트레스 시에 나타나는 현상이다.

032

손이나 그물 등을 사용하여 해충을 직접 잡아 방제하는 것은?

① 포살법
② 소살법
③ 직살법
④ 수살법

해 손이나 그물로 해충을 직접 잡아서 방제하는 것은 포살법이다.

033

주로 묘목에 큰 피해를 주며 종자를 소독하여 방제하는 것은?

① 잣나무 털녹병
② 두릅나무 녹병
③ 밤나무 줄기마름병
④ 오리나무 갈색무늬병

해 오리나무 갈색무늬병의 병원균은 종자에 묻어 있는 경우가 많으므로 종자소독을 철저히 한다.
(참고 : 티시엠유제 500배액에 4~5시간 또는 지오판수화제(水和劑)200배액에 24시간 담금)

034

아황산가스에 대한 저항성이 **가장 약한** 수종은?
① 향나무
② 은행나무
③ **자작나무**
④ 동백나무

🗒 아황산가스에 강한 수종

암기 TIP! 플후가시향 은사벽

- **플**라타너스, **후**박나무, **가시**나무, **향**나무, **은**행나무, **사**철나무, **벽**오동, 동백나무

아황산가스에 약한 수종

암기 TIP! 삼소전자 느티독

- **삼**나무, **소**나무, **전**나무, **자**작나무, **느티**나무, **독**일가문비

035

알로 월동하는 해충은?
① 독나방
② **매미나방**
③ 미국흰불나방
④ 참나무재주나방

🗒 **매미나방은 알로 월동**한다. 독나방은 유충으로 월동하며, 미국흰불나방과 참나무재주나방은 번데기로 월동한다.

036

우리나라에서 발생하는 **상주(서릿발)**에 대한 설명으로 옳은 것은?
① 가장 추운 1월 중순에 많이 발생한다.
② **중부지방보다 남부지방에 잘 발생한다.**
③ 토양함수량이 90% 이상으로 많을 때 발생한다.
④ 비료를 주어 상주 생성을 막을 수 있지만 질소비료는 가장 효과가 낮다.

🗒 서릿발은 중부지방보다 **남부지방에 잘 발생**한다.

037

가뭄이나 해충의 피해를 받아 약해진 나무에 잘 발생하는 병으로 주로 **신초의 침엽기부를 고사**시키는 것은?
① 소나무 혹병
② 소나무 줄기녹병
③ 소나무 재선충병
④ **소나무 가지끝마름병**

🗒 문제속에 답이 있다. 가뭄이나 쇠약해진 나무에 잘 발생하며 주로 **신초의 침엽기부를 고사시키는 수목병은 가지끝마름병**이다.

038

송이풀이나 까치밥나무와 기주교대를 하는 것은?
① 소나무 혹병
② 소나무 잎녹병
③ **잣나무 털녹병**
④ 배나무 붉은별무늬병

해 잣나무 털녹병의 중간기주는 송이풀과 까치밥나무이다.

039

솔잎혹파리에 대한 설명으로 옳지 않은 것은?
① 주로 1년에 1회 발생한다.
② **충영 속에서 번데기로 월동한다.**
③ 1920년대 초반 일본에서 우리나라로 침입한 것으로 추정한다.
④ 생물학적 방제법으로 솔잎혹파리먹좀벌 등기생성 천적을 이용하여 방제하기도 한다.

해 솔잎혹파리는 유충으로 월동한다.

040

모잘록병의 방제법으로 옳지 않은 것은?
① 병이 심한 묘포지는 돌려짓기를 한다.
② 인산질 비료를 많이 주어 묘목을 관리한다.
③ **묘상이 과습할 정도로 수분을 충분히 보충한다.**
④ 파종량을 적게 하고 복토가 너무 두껍지 않게 한다.

해 모잘록은 과습한 환경에서 잘 발생하므로 묘상의 배수를 철저히 하고 통기성을 확보한다.

041

대추나무빗자루병 방제를 위한 약제로 가장 적합한 것은?
① 피리다벤 수화제
② 디플루벤주론 수화제
③ 비티쿠르스타키 수화제
④ **옥시테트라사이클린 수화제**

해 대추나무 빗자루병은 파이토플라스마에 의해 발생하며 옥시테트라사이클린 수화제로 방제한다.

042

해충 방제이론 중 경제적 피해수준에 대한 설명으로 옳은 것은?

① **해충에 의한 피해액과 방제비가 같은 수준인 해충의 밀도를 말한다.**
② 해충에 의한 피해액이 방제비보다 높은 때의 해충의 밀도를 말한다.
③ 해충에 의한 피해액이 방제비보다 낮을 때의 해충의 밀도를 말한다.
④ 해충에 의한 피해액과 무관하게 방제를 해야 하는 해충의 밀도를 말한다.

해 경제적 피해수준(Economic Injury Levels)은 종합적 해충 관리(IPM : Integrated Pest Management)에서 중요한 개념으로 해충에 의한 피해액과 같은 수준의 방제비가 소요되는 해충의 최소밀도를 말한다.

043

해충이 나무에서 내려올 때 줄기에 짚이나 가마니를 감아 해충이 파고들도록 하여 이것을 태워서 해충을 방제하는 방법은?

① 등화 유살법
② 경운 유살법
③ **잠복장소 유살법**
④ 번식장소 유살법

해 해충이 나무에서 월동이나 용화를 위해 짚이나 가마니로 만든 잠복소로 유인하여 이것을 태워 해충을 방제하는 것을 잠복장소 유살법이라 한다.

044

외국에서 들어온 해충이 아닌 것은?

① **솔나방**
② 밤나무혹벌
③ 미국흰불나방
④ 버즘나무방패벌레

해 솔나방은 우리나라 토종 해충으로 유충을 보통 송충이라고 하여 예부터 소나무의 대표적인 해충으로 알려져 있다. 밤나무혹벌은 일본, 미국흰불나방과 버즘나무방패벌레는 북아메리카에서 처음 발생하여 들어온 해충이다.

045

포플러 잎녹병의 중간기주에 해당하는 것은?

① 잔대, 모싯대
② 쑥부쟁이, 참취
③ 소나무, 등골나무
④ **일본잎갈나무, 현호색**

해 일본잎갈나무(낙엽송), 현호색, 줄꽃주머니가 포플러잎녹병의 중간기주이다.

046

산림 작업용 **도끼 날** 형태 중에서 **나무 속에 끼어** 쉽게 무뎌지는 것은?

① 아치형
② **삼각형**
③ 오각형
④ 무딘 둔각형

해 도끼날이 뾰족한 삼각형이 되면 나무 속에 끼어 쉽게 무뎌진다. 무딘 둔각형은 오히려 날이 될 우려가 있다.

047

체인톱 작업 중 위험에 대비한 **안전장치**가 아닌 것은?

① **스프로킷**
② 핸드가드
③ 체인잡이
④ 체인브레이크

해 스프로킷은 안전장치가 아니라 엔진구동력을 체인으로 전달하는 동력전달장치이다. 체인톱은 엔진에서 얻어지는 동력을 크랭크 축의 동력취출부에 부착된 원심클러치를 통해서 스프로킷에 전달하여 체인을 구동한다.

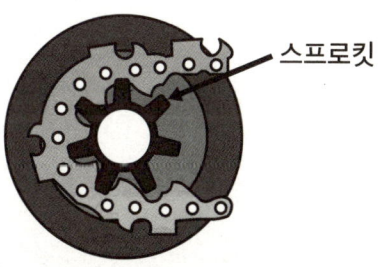
스프로킷

048

와이어로프로 고리를 만들 때 와이어로프 **직경의 몇 배** 이상으로 하는가?

① 10배
② 15배
③ **20배**
④ 25배

해 와이어로프 고리의 길이는 와이어로프 직경의 20배 이상으로 한다.

049

2행정 내연기관에 일정 비율의 **오일**을 섞어야 하는 이유로 가장 적당한 것은?

① **엔진 윤활을 위하여**
② 조기점화를 막기 위하여
③ 연소를 빨리 시키기 위하여
④ 연료의 흡입을 빨리 하기 위하여

해 2행정 내연기관이 연료와 엔진오일의 혼합유를 쓰는 가장 큰 이유는 엔진 윤활을 위해서이다.

050

스카이라인을 집재기로 직접 견인하기 어려움에 따라 **견인력을 높이기 위한 가선장비**는?

① 샤클
② 힐블럭
③ 반송기
④ 윈치드럼

해 힐블럭은 일종의 도르래 장치로 스카이라인을 집재기로 직접 견인하기 어려움에 따라 **견인력을 높이기 위한 가선장비**이다.

051

기계톱으로 가지치기를 할 때 지켜야 할 **유의사항**이 아닌 것은?

① 후진하면서 작업한다.
② 안내판이 짧은 기계톱을 사용한다.
③ 작업자는 벌목한 나무에 가까이에 서서 작업한다.
④ 벌목한 나무를 몸과 체인톱 사이에 놓고 작업한다.

해 기계톱 가지치기 시 **전진하면서 작업**한다.

052

내연기관(4행정)에 부착되어 있는 **캠축의 역할**로 가장 적당한 것은?

① 오일의 순환 추진
② 피스톤의 상·하 운동
③ 연료의 유입량을 조절
④ 흡기공과 배기공을 열고 닫음

해 연소실 상부에 설치된 **흡기밸브, 배기밸브를 열고 닫는 장치**이다.

053

손톱의 톱니 부분별 기능에 대한 설명으로 옳지 않은 것은?

① 톱니가슴 : 나무를 절단한다.
② 톱니홈 : 톱밥이 임시 머문 후 빠져나가는 곳이다.
③ 톱니등 : 쐐기역할을 하며 크기가 클수록 톱니가 약하다.
④ 톱니꼭지선 : 일정하지 않으면 톱질할 때 힘이 많이 든다.

해 톱니등의 역할은 **목재와의 마찰력을 감소시키는** 것이다.

054

벌목용 작업도구로 이용되는 것은?
① **쐐기**
② 이식판
③ 식혈봉
④ 양날괭이

해 **쐐기**는 **벌목용** 도구다. 이식판, 식혈봉, 양날괭이는 모두 **조림용** 도구이다.

055

기계톱의 **연료통**(또는 연료통 덮개)에 있는 **공기구멍이 막혀** 있으면 어떤 현상이 나타나는가?
① 연료가 새지 않아 운반 시 편리하다.
② 연료의 소모량을 많게 하여 연료비가 높게 된다.
③ **연료를 기화기로 공급하지 못해 엔진가동이 안된다.**
④ 가솔린과 오일이 분리되어 가솔린만 기화기로 들어간다.

해 연료통 공기구멍이 막히면 **공기와 연료의 혼합기를 공급하지 못하므로** 엔진가동이 안된다.

056

농업용 **트랙터를 임업용**으로 활용 시 **앞차축과 뒷차축의 하중비**로 가장 적절한 것은?
① 50 : 50
② 40 : 60
③ **60 : 40**
④ 30 : 70

해 일반적으로 농업용 트렉터는 앞차축보다 뒷차축이 무겁다. 하지만 임업용으로 사용하기 위해서는 앞차축 : 뒷차축 하중비가 60 : 40이 되도록 무게추나 작업장치 등을 차체 전면에 부착하여 보완한다.

057

벌도목 운반이 주목적인 임업기계는?
① 지타기
② **포워더**
③ 펠러번쳐
④ 프로세서

해 **포워더는 벌도목 운반**에 주로 쓰이는 장비이다.

058

체인톱의 **점화플러그 정비 주기**로 옳은 것은?
① 일일정비
② **주간정비**
③ 월간정비
④ 계절정비

해 점화플러그의 점검은 주간정비에 해당한다.

059

벌목작업 시 안전사고예방을 위하여 지켜야 하는 사항으로 옳지 않은 것은?
① 벌목방향은 작업자의 안전 및 집재를 고려하여 결정한다.
② 도피로는 사전에 결정하고 방해물도 제거한다.
③ 벌목구역 안에는 반드시 작업자만 있어야 한다.
④ **조재작업 시 벌도목의 경사면 아래에서 작업을 한다.**

해 조재작업 시에는 벌도목의 **경사면 위에서부터 아래로** 작업한다.

060

정원목 및 정원석 주위에 **입목을 휘감은 풀들을 깎을 때** 안심하고 사용가능한 **예불기의 날 형태**는?
① 회전날식
② 왕복요동식
③ 직선왕복날식
④ **나일론코드식**

해 나일론 코드식은 콘크리트 주변이나 도로변 또는 입목을 휘감은 풀들을 깎을 때 비교적 안전하게 사용가능하다.

기출 스피드 문답암기

001

종자 정선 방법으로 **풍선법**을 적용하기 **어려운** 수종은?

① 밤나무
② 소나무
③ 가문비나무
④ 일본잎갈나무

해 풍선법은 바람을 이용하는 정선방법으로 **종자크기가 작고 가벼울 때** 적용한다. **밤나무 종자는 대립종자**이다.

002

덩굴식물을 제거하는 방법으로 옳지 않은 것은?

① 디캄바액제는 콩과식물에 적용한다.
② 인력으로 덩굴의 줄기를 제거하거나 뿌리를 굴취한다.
③ **글라신액제는 2~3월 또는 10~11월에 사용하는 것이 효과적이다.**
④ 약제 처리 후 24시간 이내에 강우가 예상될 경우 약제처리를 중지한다.

해 덩굴식물 제거에 쓰이는 **글라신액제는 생장이 왕성한 5~9월에 사용**하는 것이 효과적이다.

003

어린나무 가꾸기의 1차 작업시기로 가장 알맞은 것은?

① **풀베기가 끝난 3~5년 후**
② 가지치기가 끝난 5~6년 후
③ 덩굴제거가 끝난 1~년 후
④ 솎아베기가 끝난 6~9년 후

해 **어린나무가꾸기는 잡목솎아내기 혹은 제벌(除伐)** 이라 부르며 조림목 외의 수종을 제거하고 조림목 중 형질이 불량한 나무를 벌채하는 무육작업을 말한다. 시기는 **풀베기가 끝난 3~5년 후에 실시**한다.

004

임목 간 식재밀도를 조절하기 위한 벌채 방법에 속하는 것은?

① **간벌작업**
② 개벌작업
③ 산벌작업
④ 중림작업

🔍 간벌(間伐)작업은 솎아베기라고 하며 나무들이 **적당한 간격을 유지하여 잘 자라도록 불필요한 나무를 솎아 베어 임목 간 식재밀도를 조절하는 방법**이다. 남아있는 나무에 더 넓은 공간을 주어 지름생산을 촉진하고 숲을 건전하게 한다.

005

대목의 수피에 T자형으로 칼자국을 내고 그 안에 접아를 넣어 접목하는 방법은?

① 절접
② **눈접**
③ 설접
④ 할접

🔍 대목에 접아를 넣는 아접(芽椄), 즉 눈접에 대한 설명이다.

006

일정한 면적에 직사각형 식재를 할 때 소요묘목 수 계산식은?

① 조림지면적 / 묘간거리
② 조림지면적 / 묘간거리^2
③ 조림지면적 / (묘간거리^2 × 0.866)
④ **조림지면적 / (묘간거리 × 줄 사이의 거리)**

🔍 직사각형(장방형)식재의 묘목본수 계산식은 ④번이다.

- 소요묘목 수
  = 조림지면적 / (묘간거리 × 줄 사이의 거리)

007

용재 생산목적 수종으로 가장 거리가 먼 것은?

① 소나무
② **느티나무**
③ 자작나무
④ 상수리나무

🔍 용재 생산에 적합한 목재를 주수종과 부수종으로 나눌 때 **소나무, 자작나무, 참나무류는 주수종에 속하고 느티나무는 부수종**이다.

008

지력이 좋고 **수분이 많아 잡초가 무성하고 기후가 온난**하며, 주로 **소나무 조림지**에 적합한 풀베기 방법은?

① 줄베기
② 점베기
③ **모두베기**
④ 둘레베기

해 잡초가 무성한 비옥지이며 소나무, 낙엽송, 편백 등의 조림지에 적합한 풀베기 방식은 **모두베기(전면깎기)**

009

종자의 발아력 조사에 쓰이는 약제는?

① 에틸렌
② 지베렐린
③ **테트라졸륨**
④ 사이토키닌

해 테트라졸륨은 종자 발아력 테스트에 이용된다. 휴면종자에도 잘 적용된다. 1%의 수용액을 사용하며 종자의 배가 **붉은색으로 착색되면 정상발아**로 판정한다.

010

늦은 가을철 **묘목 가식**을 할 때 **묘목의 끝 방향**으로 가장 적합한 것은?

① 동쪽
② 서쪽
③ **남쪽**
④ 북쪽

해 늦은 가을철 가식할 때는 **묘목 끝 방향을 남쪽으로** 한다.(봄에 가식 시 북쪽)

011

묘포 상에서 **해가림이 필요 없는 수종**은?

① 전나무
② 삼나무
③ **사시나무**
④ 가문비나무

해 전나무, 가문비나무는 음수이다. 삼나무는 대체로 양수로 분류되나 중용수의 특성도 가지고 있어 **해가림이 필요하나 사시나무, 소나무류는 해가림이 필요없는 양수이다.**

012

파종상에서 2년, 그 뒤 판갈이 상에서 1년을 지낸 3년생 묘목의 표시 방법은?

① 1 - 2 묘
② 2 - 1 묘
③ 0 - 3 묘
④ 1 - 1 - 1 묘

해 파종상에서 2년 판갈이 상에서 1년을 지낸 묘목은 2 - 1묘로 표시한다.

013

다음 중 조림목의 보육을 위한 풀베기 방법으로 볼 수 없는 것은?

① 모두베기
② 둘레베기
③ 골라베기
④ 줄베기

해 조림목 보육을 위한 풀베기 방법에는 모두베기, 둘레베기, 줄베기는 있지만 골라베기는 없다.

014

파종상을 만든 후 모판에 롤러로 흙의 입자와 입자가 밀착되도록 다짐작업을 함으로써 얻을 수 있는 장점은?

① 해충의 발생을 억제한다.
② 새의 피해를 줄인다.
③ 땅속의 수분을 효과적으로 이용한다.
④ 병해의 발생을 줄인다.

해 파종 후 롤러로 눌러다지는 전압(全壓)작업을 하면, 땅 속 수분이 상승하여 종자에 밀착됨으로써 발아가 촉진된다.

015

다음 중 결실을 촉진시키는 방법으로 옳은 것은?

① 질소질 비료의 비율을 높여 시비한다.
② 줄기의 껍질을 환상으로 박피한다.
③ 수목의 식재밀도를 높게 한다.
④ 차광망을 씌워 그늘을 만들어 준다.

해 결실을 촉진하는 방법은 C/N율을 증가시키는 방법을 생각하자. 지하부보다는 지상부로 탄수화물이 증대되어야 하므로 환상박피, 접목, 단근작업 등으로 물질통로에 인위적인 장애를 줌으로써 질소흡수 방해하거나, 간벌을 통한 수광량 증가 등으로 C/N율을 크게 만들 수 있다.

016

다음 중 산벌작업의 주된 목적은?

① 천연갱신
② 임지 건조방지
③ 보속적 수확
④ 임목무육

해 산벌작업은 넓은 면적의 성숙된 임분에서 예비벌을 실시하여 모수림의 결실을 촉진하고 임지의 상태를 종자 발아에 적합하도록 만드는 예비벌, 하종벌, 후벌의 3단계 갱신작업종으로 천연갱신이 주된 목적이다.

017

예비벌 → 하종벌 → 후벌의 순서로 시행되는 작업종은?

① 왜림작업
② 중림작업
③ 산벌작업
④ 모수림작업

해 산벌작업은 임분을 예비벌, 하종벌, 후벌의 순서로 3단계 갱신벌채하는 작업종이다.
- **예비벌** : 모수 종자의 결실 촉진을 위한 갱신준비 벌채로 노령임분이나 간벌작업 철저히 실행된 임분에서는 생략가능
- **하종벌** : 종자의 지면 낙하 이후 발아 환경 조성을 위한 벌채
- **후벌** : 하종벌 이후 남겨진 성숙목의 벌채

018

다음 중 임지의 보호방법으로 옳지 않은 것은?

① 비료목을 식재한다.
② 황폐한 임지는 등고선 방향으로 수평구를 설치한다.
③ 임지 표면의 낙엽과 가지를 모두 제거한다.
④ 균근균을 배양하여 임지에 공급한다.

해 임지 표면의 낙엽과 가지를 모두 제거 시 황폐화와 우천 시 토양유실 등이 발생한다.

019

다음 중 콩과식물의 비료목이 아닌 것은?

① 다릅나무, 싸리류
② 칡, 아까시나무
③ 붉나무, 누리장나무
④ 자귀나무, 아까시나무

해
- 콩과식물 비료목에는 아까시나무, 자귀나무, 싸리류, 다릅나무, 칡 등이 있다.
- 붉나무는 옻나무과이며, 누리장나무는 꿀풀과이다.

020

묘포설계 구획 시에 시설부지, 주·부도 및 보도를 제외한 **묘목을 양성하는 포지**는 전체면적의 몇 %가 적합한가?

① 30~40
② 40~50
③ 50~60
④ 60~70

해 묘포설계 시 묘목을 양성하는 포지는 전체면적의 60~70%가 적당하다.(시설부지, 도로부지 제외)

021

택벌림에서 가장 많은 본수의 경급은?

① 소경급
② 중경급
③ 대경급
④ 모두 동일함

해 택벌림은 성숙한 임목만을 선택적으로 벌채하여 조성되므로 가장 많은 본수의 경급은 소경급이다.

022

풀베기 작업을 1년에 2회 실시하려 할 때 가장 알맞은 시기는?

① 1월과 3월
② 3월과 5월
③ 6월과 8월
④ 7월과 10월

해 풀베기 작업을 1년 2회 실시 시 6월과 8월에 실시한다.

023

어린나무가꾸기 작업 시 **맹아력이 왕성한 활엽수종**에 가장 적합한 작업방법은?

① 뿌리를 자른다.
② 큰 가지만 제거한다.
③ 뿌리목 부근에서 벌채한다.
④ 수간을 지상 1m 정도 높이에서 절단한다.

해 어린나무가꾸기(잡목솎아내기=제벌)는 조림목 외의 수종을 제거하고 조림목 중 형질이 불량한 나무를 벌채하는 무육작업으로 맹아력이 왕성한 활엽수종은 맹아력 억제를 위해 수간을 지상 1m 정도 높이에서 절단한다.

024

다음 중 **인공조림의 장점**으로 **옳지 않은 것**은?
① 미입목지나 황폐지에 숲을 조성할 수 있다.
② 숲을 조성하는데 기간이 짧고 임부관리가 용이하다.
③ 전체적으로 불량한 형질을 가진 임분의 개량에 적용 가능하다.
④ 오랜 세월을 지내는 동안 그곳의 환경에 적응되어 견디어 내는 힘이 강하다.

해 환경에 대한 적응력이 강한 것은 천연갱신 시의 장점이다.

025

10ha의 산림에 묘목을 **2m 간격으로 정방형 식재**하려면 최소 몇 주의 묘목이 필요한가?
① 2,500주
② 5,000주
③ **25,000주**
④ 50,000주

해 정방형(정사각형) 식재의 소요 묘목 본수
= 식재면적 / (묘목 사이의 간격)^2
- 10ha는 100,000m^{2}이므로 100,000 / 2^2
 = 25,000 주

026

해충 중 **소나무의 새순에 기생**하여 **양분을 빨아먹음**으로써 수세를 약화시켜 **새로운 순을 말라 죽이는 것**은?
① 소나무좀
② 박쥐나방
③ 향나무하늘소
④ **소나무가루깍지벌레**

해 소나무가루깍지벌레는 새로 자라난 가지와 솔잎순으로 이동하여 가해하는 **흡즙성 해충**으로 피해를 입은 소나무는 생장과 동화작용이 둔화되어 새로운 순의 색상이 전반적으로 침체되고 갈변되다가 말라죽게 된다.

027

다음 중 25%의 살균제 100cc를 0.05%액으로 희석하는데 소요되는 물의 양(cc)은?(단 농약의 비중은 1이다.)
① 39,900
② **49,900**
③ 59,900
④ 69,900

해 원하는 농도로 희석하는데 소요되는 물의 양을 구할 때는,
- 원액의 용량 X (원액의 농도 / 원하는 농도 - 1) X 비중
 = 100cc X (25 / 0.05 -1) = 100 X (500 - 1)
 = 49,900

암기 TIP! 원액 X 농퍼농마비
- 원액 X (곱하기) (원액농도/퍼)
 (원하는농도 - 마이너스) 1) X 비중

028

산불발생이 가장 **많은** 시기는?
① 3~5월
② 6~8월
③ 9~11월
④ 12~2월

🖩 우리나라에서 연중 가장 건조한 달은 3월과 4월이며 평균 풍속도 4월에 가장 강하다. 일반적으로 봄철(3~5월)에 대형 산불이 많이 발생할 가능성이 크다.

029

유충과 성충이 모두 잎을 식해하는 해충은?
① 오리나무잎벌레
② 솔나방
③ 미국흰불나방
④ 매미나방

🖩 오리나무 잎벌레는 유충과 성충은 동시에 오리나무 잎을 잎맥만 남기고 모조리 먹어 버려 7~8월이면 잎이 밑에서부터 빨갛게 변한다.

030

칡과 같은 만경류를 제거하는 방법이 잘못된 것은?
① **글라신액제 처리 시기는 칡의 경우 농번기를 피하며 겨울 또는 봄에 실시한다.**
② 글라신액제 원액을 흡수시킨 면봉은 칡머리 부분에 송곳으로 구멍을 뚫고 삽입한다.
③ 글라신액제와 물을 1 : 1로 혼합한 액을 주입기로 주입한다.
④ 만경류의 경우 되도록 어릴 때 제거하는 것이 효과적이다.

🖩 칡과 같은 **덩굴식물(만경류)** 제거제로 쓰이는 **글라신액제 주입은 주로 생장이 왕성한 여름철에 실시**하며 뿌리가 굵고 질겨지지 않도록 어릴 때 제거하는 것이 효과적이다.

031

다음 중 **보르도액의 조제절차가 틀린** 것은?

① 원료로 사용되는 황산구리는 순도 98.5% 이상, 생석회는 순도 90%이상을 사용하여야 좋은 보르도액을 만들 수 있다.
② 보르도액의 조제 시 황산구리는 양철통을 사용한다.
③ 필요한 물의 80~90%의 물에 황산구리를 녹여 묽은 황산구리액을 만든다.
④ 생석회는 소량의 물로 소화(消和, slaking) 시킨 다음 필요한 물의 10~20%의 물에 넣어 석회유를 만든다.

해 보르도액 조제 시 황산구리가 양철통 등 금속용기와 반응하여 약효가 떨어지므로 나무통이나 고무통을 사용한다.

032

도시의 공원이나 가로수에서 나타나는 **수목피해의 원인**으로 틀린 것은?

① 토양 경화
② 호흡 불량
③ 뿌리 조임
④ 자연유기물비료 과다공급

해 도시 공원이나 가로수가 식재되는 토양환경은 대체로 자연산림에 비해 좁은 면적과 인공적인 식재지 조성으로 인해 토양경화, 호흡불량, 뿌리 조임, 공해 노출 등이 문제가 되며 이는 수목피해의 원인으로 작용한다. 자연유기물 비료는 토양 미생물을 증식시켜 수목 생장에 도움을 준다.

033

해충의 직접적인 구제방법 중 **기계적방제법**에 속하지 **않는** 것은?

① 포살법
② 소살법
③ 유살법
④ 냉각법

해 해충의 직접적 구제방법 중 기계적 방제법에는 직접 손이나 도구로 포집하여 죽이는 포살법, 태워죽이는 소살법, 한 곳으로 유인하여 죽이는 유살법 등이 있다. 냉각법은 없다.

034

진딧물이나 깍지벌레 등이 수목에 기생한 후 그 **분비물** 위에 번식하여 나무의 **잎, 가지, 줄기가 검게 보이는 병**은?

① 흰가루병
② 그을음병
③ 줄기마름병
④ 잎떨림병

해 그을음병은 진딧물이나 깍지벌레 등 흡즙성 해충의 분비물을 이용하여 번식하는 자낭균류에 의해 주로 잎에 발생하며 처음에는 검은 병반을 이루다 그을음이 생긴 것처럼 점차 나무 전체로 확대된다.

035

다음 중 **비생물적 병원(病原)**인 것은?

① 선충
② 진균
③ **공장폐수**
④ 파이토플라스마

해 공장폐수는 공업부산물로 비생물적 병원(病原)에 속한다. 비생물적 병원에는 기상조건, 토양조건, 농작, 영양장해, 대사작용부산물 등 생물자체의 원인이 아닌 제반 환경이나 결과물에 의한 병 발생원인을 뜻한다.

036

묘포장에서 많이 발생하는 **모잘록병의 방제법**으로 적합하지 **않은** 것은?

① 토양소독 및 종자소독을 한다.
② 돌려짓기를 한다.
③ **질소질 비료를 많이 준다.**
④ 솎음질을 자주하여 생립본수(生立本數)를 조절한다.

해 **질소질 비료의 과용을 삼가고, 인산질 비료를 충분히 주며 완숙한 퇴비를 준다.** 병든 묘목은 발견 즉시 뽑아 태우며, 병이 심한 포지는 돌려짓기를 한다. 토양 및 종자를 소독하고, 솎음질을 자주하는 방법도 모잘록병 예방에 도움이 된다.

037

유아등으로 등화유살 할 수 있는 해충은?

① 오리나무잎벌레
② 솔잎혹파리
③ 밤나무혹벌
④ **어스렝이나방**

해 유아등(誘蛾燈)이란 **주광성(走光性) 곤충을 유인하는 불빛**을 말한다. 이를 통한 방제법을 **등화유살(燈火誘殺)**이라한다. **어스렝이나방은 등화유살이 가능한 해충**으로 9~10월에 유살한다.

암기 TIP! 등불찾아 어슬렁~

038

다음 해충 중 **수피 틈이나 지피물 밑에서 제5령 유충으로 월동**하는 것은?

① **솔나방**
② 매미나방
③ 어스렝이나방
④ 버들재주나방

해 1회 탈피할 때까지가 1회 탈피를 마친 것이 2령충이며 솔나방은 4회 탈피를 완료한 제 5령 유충으로 월동한다.

039

다음 중 **살충제의 부작용**에 대한 설명으로 틀린 것은?

① 천적류는 접촉제보다 소화중독제의 영향을 특히 많이 받는다.
② 살충제 약해는 강우 전후에 발생하기 쉽다.
③ 같은 살충제를 오랫동안 사용하면 저항성 해충군이 출현한다.
④ 진딧물류나 응애류의 경우 살충제를 사용한 후 해충밀도가 급격히 증가할 수도 있다.

해 천적류는 직접 약제가 곤충에 닿도록 하여 죽이는 접촉제로 인한 피해가 소화중독제로 인한 피해보다 훨씬 크다.

040

농약의 형태에 대한 영어표기 중 **"EC"가 뜻하는 것**은?

① 액제
② 유제
③ 수화제
④ 입제

해 EC는 Emulsifiable Concentrate(유제농축물, 에멀젼농축물)의 약자이다. 액제는 SL(Soluble Concentrate), 수화제는 WP(Wettable Powder), 입제는 GR(Granule), 분제는 DP(Dustable Powder)로 나타낸다.

041

노동강도의 경중(輕重)은 에너지대사율로 표시하는데 다음 중 표시 방법으로 옳은 것은?

① GNP
② MRA
③ PPM
④ RMR

해 에너지 대사율의 약자는 RMR로 Relative Metabolic Rate, 상대적 신진대사 비율, 즉 산소 호흡량 측정을 통해 에너지 대사 소모량을 나타낸다.

042

벌목작업 시 안전작업 방법으로 설명이 올바른 것은?

① 작업도구들은 벌목방향으로 치우고 도피 시 방해가 되지 않도록 한다.
② 벌목영역은 벌채목을 중심으로 수고의 3배 이다.
③ 벌목구역은 벌채목이 넘어가는 구역이다.
④ 벌목영역에는 사람이 아무도 없어야 한다.

해 벌목작업 시 벌목방향에는 작업도구를 두어서는 안되며, 벌목 대상수목의 중심으로 수고의 1.5~2배 이상의 안전거리를 확보한다. 벌채목이 넘어가는 구역을 벌목구역이라 한다. 벌목구역에는 작업자만 있어야 한다.

043

기계톱 기화기의 벤트리관으로 유입된 연료량은 무엇에 의해 조정될 수 있는가?

① 저속조정나사와 노줄
② 지뢰쇠와 연료유입 조정니들 밸브
③ **고속조정나사와 공전조정나사**
④ 배출 밸브막과 펌프막

해 기화기의 벤트리관으로 유입된 **연료량의 조절**은 **고속조정나사와 공전조정나사**로 한다.

044

산림작업도구인 **각식재용 양날괭이**에 대한 설명으로 틀린 것은?

① 형태에 따라 타원형과 네모형이 있다.
② **도끼날 부분은 나무를 자르는 것으로만 사용한다.**
③ 타원형은 자갈이 섞이고 지중에 뿌리가 있는 곳에서 사용한다.
④ 네모형은 땅이 무르고 자

해 각식재용 양날괭이는 말그대로 양쪽에 날이 있어 한쪽은 괭이날로 땅을 벌리는데 사용하고 **다른 쪽은 도끼날로 땅을 가르거나 뿌리를 자르는** 용도로 사용한다.

045

가선집재의 장점에 대한 설명으로 **틀린** 것은?

① 다른 집재방법보다 지형조건의 영향을 적게 받는다.
② 임지 및 잔존임분에 피해를 최소화할 수 있다.
③ 트랙터 집재에 비해 집재작업에 필요한 에너지가 적게 소요된다.
④ **다른 집재방법보다 작업원에 대한 기술적 요구도가 낮다.**

해 가선집재(yarding)는 다른 집재방법보다 환경피해가 적으며 급경사지 및 낮은 임도 밀도에서도 작업이 가능한 장점이 있으나 기동성 및 작업생산성이 낮고, **숙련된 기술과 세밀한 작업계획이 필요하다.** 또한 장비설치 및 해체에 시간이 많이 걸리며 장비 구입비가 비싼 단점이 있다.

046

아래 그림에서 **소경재 벌목작업의 간이수구에 의한 절단방법**으로 가장 적합한 것은?

 ①
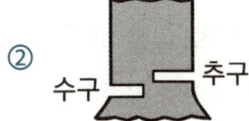 ②
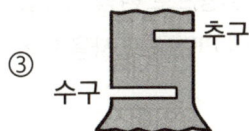 ③
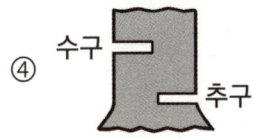 ④

해 2번이 정답. 고용노동부의 벌목 표준 안전 작업지침에 따르면 벌목작업 시 추구(backcut 따라베기)는 수구의 밑면(수구기초면)보다 절단수목 지름의 10분의 1정도 높은 위치에 만들어야 한다.

047

실린더 속에서 **가스**가 압축되는 정도를 나타내는 **압축비의 공식**으로 적합한 것은?

① 압축비 = (흡입행정 + 압축용적) / 연소실용적
② 압축비 = (크랭크실 + 피스톤직경) / 크랭크실용적
③ **압축비 = (연료실용적 + 행정용적) / 연소실용적**
④ 압축비 = (연소실용적 + 실린더내경) / 행정용적

해 먼저 행정용적(행정체적)이란 실린더에서 상사점과 하사점 사이의 체적을 말한다. 압축비는 "연소실 용적"에 대한 "연소실용적과 실제 압축되는 용적인 행정용적의 합"의 비율로 표시하며 일반적으로 압축비는 5~10정도로 나타난다.

048

기계톱의 **엔진 과열현상**이 일어날 수 있는 **원인**으로 가장 거리가 **먼** 것은?

① 사용연료의 부적합
② 점화플러그의 불량
③ 냉각팬의 먼지흡착
④ **클러치의 측면마모**

해 과열의 원인을 찾을 때는 2가지를 생각하자. 첫째, 엔진을 식혀주는 냉각에 문제가 있구나! 둘째 연소(점화)계통이 불량하거나 막히거나하는 문제가 있구나! 클러치는 엔진에서 생산된 동력을 선달, 자단하는 역할을 하는 부품으로 엔진 과열과는 거리가 멀다.

049

내연기관에서 **연접봉**의 역할은?

① **크랭크와 피스톤을 연결하는 역할을 한다.**
② 엔진의 파손된 부분을 용접하는 봉이다.
③ 크랭크 양쪽으로 연결된 부분을 말한다.
④ 엑셀 레버와 기화기를 연결하는 부분이다.

🖼 연접봉은 **피스톤의 왕복운동을 크랭크축으로 전달하는 커넥팅로드**(connecting rod)를 말한다.

050

2행정 기관은 크랭크축이 1회전할 때마다 몇 회 폭발하는가?

① 1회
② 2회
③ 3회
④ 4회

🖼 2행정기관은 **크랭크축이 1회전할 때마다 1회 폭발**한다.(4행정기관은 크랭크축 2회전에 1회 폭발)

051

라이싱거 듀랄은 무엇에 사용되는 도구인가?

① 땅위에 쓰러져 있는 벌도목의 방향전환 도구이다.
② 벌도방향 위치선정을 위한 쐐기의 일종이다.
③ **원형 기계톱 사용 시 기계톱이 목재사이에 끼었을 때 사용하는 쐐기의 일종이다.**
④ 자루가 짧은 침엽수 박피기의 일종이다.

🖼 라이싱거 듀랄은 쐐기의 일종으로 원형 기계톱 사용 시 기계톱이 목재사이에 끼었을 때 사용한다.

052

다음 중 **반끌형 톱날의 연마각도**로 맞는 것은?

① **창날각 : 35°**
② 가슴각 : 60°
③ 지붕각 : 85°
④ 수직각 : 45°

🖼 반끌형 톱날의 연마각도는
창날각 : 35°, 가슴각 : 85°, 지붕각 : 60°

053

예불기 작업 시 작업자 상호간의 최소 안전거리는 몇m 이상이 적합한가?
① 4m
② 6m
③ 8m
④ 10m

해 예불기 작업 시 작업자 상호간의 이격거리는 10m 이상

054

산림작업으로 인한 피로의 회복방법 중 적합하지 않은 것은?
① 휴식과 숙면을 취할 것
② 충분한 영양을 섭취할 것
③ 산책 및 가벼운 체조를 실시할 것
④ 스트레스 해소를 위하여 수영, 축구, 격투기 등의 운동을 할 것

055

다음 중 도끼자루로 가장 적합한 나무는?
① 잣나무
② 소나무
③ 물푸레나무
④ 백합나무

해 도끼자루로 적합한 수종은 대체로 단단한 목질의 물푸레나무, 참나무류, 호두나무, 단풍나무, 박달나무, 가래나무 등이다.

056

다음 중 체인톱의 안전장치에 속하지 않는 것은?
① 자동체인브레이크
② 안전 스로틀
③ 핸드가드
④ 카브레이터

해 자동체인브레이크, 안전스로틀, 핸드가드는 모두 안전장치이나 카브레이터(기화기)는 엔진의 흡기 통로에 위치하여 휘발유를 안개와 같은 상태로 분무하여 공기와 함께 혼합하여 실린더로 보내는 장치

057

2행정 내연기관에서 외부의 공기가 **크랭크실로 유입**되는 원리는?

① 피스톤의 흡입력
② 기화기의 공기펌프
③ **크랭크실과 외부와의 기압차**
④ 크랭크축의 원운동

📖 2행정 내연기관은 4행정기관처럼 흡입과 배기를 위한 별도의 행정이 없고 실린더 벽에 소기구와 배기구가 있어 피스톤이 밸브역할을 한다. 피스톤 하강 행정 후반에서 배기가 시작됨과 동시에 크랭크실에서 미리 압축된 새 혼합기로 실린더 내의 연소가스를 밀어 내어 청소하는 것을 소기라 하며 이후 **피스톤이 상승하면 크랭크실을 밀폐되면서 진공이 형성되고 외부와의 기압차에 의해** 다시 이곳에 혼합기가 흡입되는 원리이다.

058

다음 중 **산림작업이 어려운 이유가 아닌 것은?**

① **비, 바람 등과 같은 기상조건에 영향을 덜 받는다.**
② 산림작업 도구 및 기계자체가 위험성을 내포하고 있다.
③ 독사, 독충, 구르는 돌 등에 의한 피해를 받기 쉽다.
④ 산악지의 장애물과 경사로 인해 미끄러지기 쉽다.

📖 산림작업은 비, 바람 등 악천후의 영향을 받이 받으므로 항상 위험이 따른다.

059

체인톱의 주간정비사항으로만 조합된 것은?

① **스파크플러그 청소 및 간극 조정**
② 기화기 연료막 점검 및 엔진오일 펌프 청소
③ 시동줄 및 시동스프링 점검
④ 연료통 및 여과기 청소

📖 스파크(점화)플러그 청소 및 간극 조정은 주간 정비 사항이며, ②③④는 계절정비(분기정비) 사항이다.

060

예불기 사용 시 **올바른 자세와 작업방법**이 아닌 것은?

① 돌발적인 사고예방을 위하여 안전모, 안면보호망, 귀마개 등을 사용하여야 한다.
② 예불기를 멘 상태의 바른 자세는 예불기 톱날의 위치가 지상으로부터 10~20cm에 위치하는 것이 좋다.
③ 1년생 잡초제거 작업 시 작업의 폭은 1.5m가 적당하다.
④ **항상 오른쪽 발을 앞으로 하고 전진할 때는 왼쪽 발을 먼저 앞으로 이동시킨다.**

📖 항상 **왼쪽 발**을 앞으로 하고 **전진할 때는 오른쪽 발**을 먼저 앞으로 이동시킨다.

기출 스피드 문답암기

001

산벌작업에서 임지의 **종자가 충분히 결실한 해**에 종자가 완전히 성숙된 후, **벌채하여** 지면에 **종자를 다량 낙하시켜 일제히 발아**시키기 위한 벌채 작업은?

① 예비벌
② **하종벌**
③ 후벌
④ 종벌

🔑 산벌작업 과정 중 **하종벌(下種伐 : 종자를 낙하시키기 위한 벌채)**에 대한 설명이다.

002

잡목솎아내기 방법으로 **잘못** 설명한 것은?

① 천연생의 불필요한 나무를 제거한다.
② 조림목 중에서 형질이 불량한 나무를 제거한다.
③ **형질이 우량한 자생 참나무, 자작나무, 피나무도 제거한다.**
④ 우량목이 없거나 덩굴식물로 덮여 있으면 모두 베어내고 인공 조림한다.

🔑 잡목솎아내기(cleaning cutting improve) 제벌(除伐)은 불필요하다고 생각되는 나무를 제거 하는 일로 밑깎이와 간벌작업의 중간에 실시되는 작업이다. **형질이 우량한 나무는 남겨두고** 불요수종 또는 불량임목을 골라 제거하며 임목이 울폐하기 시작했을 때 실시한다.

003

인공림에 비하여 **천연림이 유리한 점**은?

① 수종갱신이 용이하다.

② **생태적으로 안전하다.**

③ 생육이 고르고 안전하다.

④ 벌기를 앞당길 수 있다.

해 천연림은 인공림에 비해 수종갱신에 시간적으로 기술적으로 많은 노력이 필요하다. 하지만 오랜 세월을 지내면서 환경에 완전하게 적응하기 때문에 우량한 나무들을 남겨 다음 세대를 이을 수 있다. 따라서 **천연갱신은 생태적으로 안전하며 복합적이고 건전한 숲을 만들 수 있는 장점**이 있다.

004

덩굴식물에 속하지 **않는** 것은?

① 칡

② 머루

③ 다래

④ **싸리**

해 **칡, 머루, 다래는 덩굴성식물**이나 싸리는 콩과의 낙엽관목이다.

005

다음 중 **식재 밀도**에 대한 설명으로 옳지 않은 것은?

① 밀식조림이란 1ha당 5000주 이상 식재한 것을 뜻한다.

② 소나무는 밀식하면 수고와 지하고가 높아진다.

③ **일반적으로 양수는 밀식하고 음수는 소식한다.**

④ 지력이 다소 낮은 곳에서는 밀식하여 지력 유지를 위해 노력하는 것이 좋다.

해 일반적으로 **음수는 밀식하고 양수는 소식한다.**

006

임목을 생산 벌채하고, **이용**하고, **또 그곳에 새로운 숲을 조성**하는 작업체계를 기술적으로 무엇이라 하는가?
① 무육작업
② 산림작업종
③ 제벌작업
④ 임목개량

해 ① 무육작업
: 인공림이나 천연림에 대하여 가지치기, 어린나무가꾸기, 솎아베기(간벌), 천연림보육 등을 통해 숲의 건강을 증진시켜 임지의 산림의 질적, 양적 생산능력을 고도로 높이고자 하는 작업

② 산림작업종
: 임목을 생산 벌채하고, 이용하고, 또 그곳에 새로운 숲을 조성하는 작업체계

③ 제벌작업
: 잡목솎아내기. 형질이 우량한 나무는 남겨두고 불요수종 또는 불량임목을 골라 제거하며 임목이 울폐하기 시작했을 때 실시한다.

④ 임목개량 [천연림개량]
: 천연적으로 조성된 숲에 대하여 형질불량목 및 쌍가지를 제거해 주고 칡, 다래 및 덩굴류와 산림병해충 피해목을 제거하는 것

007

일반적인 **낙엽활엽수를 봄에 접목**하고자 한다. 접수를 **접목하기 2~4주일 전에** 따서 2주 정도 **저장할 때 가장 적합한 온도**는?
① -5℃ 정도
② **5℃ 정도**
③ 15℃ 정도
④ 20℃ 정도

해 접목하기 전 접수의 저장온도는 0~5℃ 정도, 습도는 80%의 저장고나 토굴이 적당하다.

008

택벌림의 장점으로 볼 수 **없는** 것은?
① 면적이 작은 숲에서 보속생산을 하는데 적당하다.
② 임지와 어린나무가 보호를 받는다.
③ 숲의 심미적 가치가 높다.
④ **양수의 갱신에 적합하다.**

해 택벌림은 산림생태계의 안정적 유지를 위해 전구역을 몇 개의 벌채구로 구분하여 순차적으로 벌채해 나가는 방법으로 **양수 갱신에는 부적합**하다. 택벌림에는 음수의 성격을 지닌 수종이 반드시 포함되어야 하는데 음수는 하층에서도 견디는 힘이 강하고, 오랫동안 그 생장력을 유지할 수 있기 때문에 다층의 수직구조를 갖는 **택벌림에는 필수적으로 음수 수종으로 구성한다.**

009

바닷가에 주로 심는 나무로서 적합한 것은?
① 곰솔
② 소나무
③ 잣나무
④ 낙엽송

해 곰솔(해송)은 해풍에 대한 저항성이 높고 햇볕을 즐기는 양수다. 배수가 잘되는 사질 양토에서 자라며 내공해성이다. 해풍에 강하므로 방조림, 해안사방의 주요 수종으로 이용되고 조경가치가 다양하여 해안이나 간척지 조경용으로 많이 식재된다.

010

우리나라 토성구분에 대한 설명으로 **잘못된** 것은?
① 사질토 : 모래를 50% 이상 함유
② 양질사토 : 미사와 점토가 25% 정도 함유
③ 양질점토 : 점토가 45~65% 정도 함유
④ 점토 : 점토가 65% 이상 함유

해 토양의 성질은 모래 미사 및 점토의 함량비로 분류하며 **사질토(사토)는 모래가 85% 이상, 점토가 12.5%이하인 토양**을 말한다.

011

이듬해 춘기까지 저장하기 어려운 수종으로 종자의 발아력이 상실되지 않도록 **7월에 채종하면 즉시 파종해야 되는 수종**은?
① 버드나무
② 벚나무
③ 회양목
④ 잣나무

해 회양목은 여름을 지나면서 발아력을 상실하므로 채종 즉시 파종한다.

012

수목의 종자번식과 비교한 **무성번식의 특성**에 관한 설명으로 **틀린 것**은?
① 종자 번식에 비해 기술이 필요하다.
② 좋은 형질의 어미나무를 확보하여야 한다.
③ 접목묘는 개화 결실이 늦어진다.
④ 실생묘에 비해 대량 생산이 어렵다.

해 접목, 삽목 등 무성생식을 통한 접목묘는 수체 내의 C/N율을 높여줌으로써 개화 결실이 촉진된다.

013

다음 중 **삽목 시 발근이 잘되는 수종**으로만 짝지어진 것은?

① 이팝나무, 소나무
② **포플러류, 사철나무**
③ 두릅나무, 백합나무
④ 물푸레나무, 오리나무

해 삽목이 비교적 잘되는 수종에는 **포플러류, 사철나무, 측백나무, 개나리, 버드나무, 향나무, 주목, 은행나무** 등이 있고, 삽목이 비교적 어려운 수종에는 소나무류, 잣나무, 전나무, 참나무류, 가시나무, 오리나무, 밤나무, 느티나무, 벚나무 등이 있다.

014

제벌작업은 임목의 생리상 어느 계절에 하는 것이 가장 좋은가?

① 초봄
② **여름**
③ 늦가을
④ 겨울

해 제벌작업은 잡목솎아내기로 형질이 우량한 나무는 남겨두고 불요수종 또는 불량임목을 골라 제거하며 임목이 울폐하기 시작했을 때, 6~9월, 즉 여름철부터 늦어도 늦가을이 되기에 완료하는 것이 좋다.

015

다음 중 **가지치기 방법**으로 옳은 것은?

① **가지치기는 수종 및 경영목적에 따라 결정되어야 한다.**
② 가지치기 시기는 수목의 생장이 왕성한 여름에 실시한다.
③ 활엽수는 지융부를 제거한다.
④ 절단부가 융합이 늦어도 관계없으므로 굵은 가지는 제거해도 된다.

해 가지치기는 수종 및 경영목적에 따라 결정되어야 한다.
② 일반적으로 생장휴지기인 11월부터 다음해 3월까지 실시하는게 좋다.
③ 활엽수는 지륭부가 상하지 않게 가지와 경계부를 비스듬히 잘라준다.
④ 굵은 가지는 절단부의 융합이 늦어지지 않도록 굵은 가지를 절단함으로써 줄기에 상처가 날 위험이 있는 경우, 가지 기부에 3~4cm 또는 10~12cm의 잔지(殘枝)를 남긴 후 이를 다시 절단하는 것이 바람직하다.

016

소나무 종자의 무게가 45g이고 협잡물을 제거한 후의 무게가 43.2g일 때 **순량률**은?

① 43%
② 45%
③ 86%
④ 96%

해 순량률
= 협잡물을 제거한 후의 무게(순정종자 무게)
  / 작업해야 할 종자 무게(작업시료 무게) X 100
= 43.2 / 45 X 100 = 96%

017

왜림의 특징이 아닌 것은?

① 벌기가 길다.
② 수고가 낮다.
③ 맹아로 갱신된다.
④ 땔감 생산용으로 알맞다.

해 왜림은 주로 연료(땔감)이나 소형재를 채취하기 위해 **짧은 벌기**로 줄기를 벌채하고 난 후 그 그루에서 발생한 맹아(움돋이)가 자극을 받아 갱신하는 방법이다.

018

봄에 가식할 장소로서 옳지 **않은** 것은?

① 바람이 적은 곳
② 남향으로 양지 바른 곳
③ 토양의 습도가 적절한 곳
④ 배수가 양호하고 그늘진 곳

해 가식장소로 배수가 양호하고 그늘진 곳을 택하며 햇빛에 노출을 피한다.

019

간벌에 대한 설명으로 옳지 **않은** 것은?

① 지름생장을 촉진하고 숲을 건전하게 만든다.
② 빽빽한 밀도로 경쟁을 촉진시켜 나무의 형질을 좋게 한다.
③ 벌채가 되기 전에 나무를 솎아베어 중간 수입을 얻을 수 있다.
④ 나무를 솎아 벤 곳에 잡초가 무성하게 되어 표토의 유실을 막고 빗물을 오래 머무르게 하여 숲땅이 비옥해진다.

해 간벌은 임목밀도를 조절하여 나무들이 **적당한 간격을 유지하여 잘 자라도록 불필요한 나무를 솎아 베어 내는 것**이다. 남아있는 나무에 더 넓은 공간을 주어 지름생산을 촉진하고 숲을 건전하게 한다.

020

채종림의 조성 목적으로 가장 적합한 것은?
① 방풍림 조성
② 산사태 방지
③ **우량종자 생산**
④ 휴양 공간 조성

해 유전적으로 우량종자를 채취하기 위한 목적으로 조성하는 것이 채종림이다.

021

우리나라가 원산지인 수종은?
① 백송
② 삼나무
③ **잣나무**
④ 연필향나무

해 잣나무는 우리나라가 원산지이다. 백송과 삼나무는 일본, 연필향나무는 일본이 원산지이다.

022

택벌작업의 특징으로 **옳지 않은** 것은?
① 보속적인 생산
② 산림 경관 조성
③ **양수 수종 갱신**
④ 임지의 생산력 보전

해 **택벌작업은 양수 수종 갱신에 부적합**하다.

023

묘목을 **1.8m×1.8m 정방향으로 식재**할 때 **1ha 당 묘목의 본수**로 가장 적당한 것은?
① 약 308본
② 약 555본
③ **약 3086본**
④ 약 5555본

해 정방형식재(정사각형) 묘목 식재 본 수
= 조림지 면적 / 식재간격^2
- 1ha는 10,000m^{2}이므로,
  10,000 / 1.8^2 = 10000 / 3.24 = 3086

024

파종상의 **해가림 시설을 제거**하는 시기로 가장 적절한 것은?
① 5월 중순 ~ 6월 중순
② **7월 하순 ~ 8월 중순**
③ 9월 중순 ~ 10월 상순
④ 10월 중순 ~ 11월 중순

해 파종상의 해가림 시설은 7월 하순~8월 중순에 제거한다.

025

순량률 80%, 발아율 90%인 **종자의 효율**은?

① 10%
② **72%**
③ 89%
④ 90%

해 종자의 효율은 순량율 X 발아율

암기 TIP! 효율은 순발력!

- 종자의 효율
  = 80% X 90% = 0.8 X 0.9 = 0.72 = 72%

026

산불에 관한 설명 중 **틀린** 것은?

① 일반적으로 침엽수는 활엽수에 비해 피해가 심하다.
② **교림은 왜림보다 피해가 적다.**
③ 혼효림은 단순림보다 피해가 적다.
④ 유령림보다는 노령림의 피해가 크다.

해 키가 큰 교림이 왜림보다 피해가 크다. 왜림은 대부분 맹아력이 강한 활엽수로 침엽수에 비해 피해가 적다.

027

다음은 **선충**에 대한 설명이다. **틀린** 것은?

가. 대체로 실같이 가늘고 긴 모양을 하고 있다.
나. 식물기생선충은 몸길이가 평균 1mm내외이다.
다. **주로 식물의 뿌리를 물어 뜯어먹어 가해한다.**
라. 선충에 의한 수병으로는 침엽수의 묘목의 뿌리썩이 선충병이 있다.

해 선충에 의한 피해는 주로 뿌리에 **침을 찔러** 영양분을 **빨아먹고** 뿌리에 **혹을 만드는** 뿌리혹선충 피해와 뿌리 가해로 인해 그 부위의 저항력이 떨어져 다른 곰팡이나 세균이 침입하여 부패를 촉진시키는 뿌리썩이선충 피해가 있다.

028

토양 중에서 **수분이 부족**하여 생기는 피해는?

① 볕데기
② 상해
③ **한해**
④ 열사

해 토양수분의 부족, 즉 **가뭄에 의한 피해를 한해(旱害)**라 한다.

029

산림화재의 위험도를 좌우하는 **직접적인 요인이 아닌** 것은?

① 가연성 지피물의 종류와 양
② 가연성 지피물의 건조도
③ **산림화재의 교육과 계몽**
④ 수지의 유무

해 교육과 계몽을 통한 산림화재 예방은 간접적 요인이다.

030

다음 중 **볕데기**의 피해를 가장 많이 받는 수종은?

가. 오동나무
나. 소나무
다. 낙엽송
라. 상수리나무

해 볕데기(피소皮燒)는 강한 광선에 의하여 수피의 일부에서 급격한 수분 증발이 일어나 조직이 건조하여 수피가 터지고 떨어져 나가는 현상을 말한다. 볕데기 피해를 가장 많이 받는 수종은 **오동나무, 호두나무, 가문비나무, 벚나무, 단풍나무, 목련, 매화나무** 등과 같이 코르크층이 발달하지 않고 평활한 수피를 지닌 수종에서 자주 발생한다.

031

밤나무 흰가루병을 방제하는 방법으로 **옳지 않은** 것은?

① 가을에 병든 낙엽과 가지를 제거하여 불태운다.
② 묘포의 환경이 너무 습하지 않도록 주의한다.
③ 봄 새눈이 나오기 전에 석회유황합제 등의 약제를 뿌린다.
④ **한 여름 고온 시 석회유황합제를 살포한다.**

해 밤나무 흰가루병 방제에는 봄과 여름 각각 다른 약제를 살포한다. 봄에는 석회유황합제, **여름에는 만코지수화제나 지오판수화제** 등을 살포한다.

032

피해목을 벌채한 후 **약제 훈증처리**의 방제가 필요한 수병은?

① 뽕나무 오갈병
② 대추나무빗자루병
③ 잣나무털녹병
④ **참나무 시들음병**

해 참나무 시들음병은 매개충인 광릉긴나무좀을 방제해야 완전히 피해를 막을 수 있으므로 피해목 벌채 후에 약제 훈증처리의 방제가 필요하다.

033

다음 중 밤나무혹벌을 방제하는 방법 중 **가장 효과적인** 것은?

① 내병성 품종을 식재한다.
② 천적을 보호한다.
③ 살충제를 수시 살포한다.
④ 실생묘를 식재한다.

해 밤나무혹벌은 내병성 품종을 식재하는 것이 가장 효과적인 방제법이다.

034

응애만을 죽일 수 있는 약제를 무엇이라 부르는가?

① 살충제
② 살균제
③ 살비제
④ 살서제

해 응애를 뜻하는 한자는 사마귀 알 비(蜱)자로 응애만을 죽일 수 있는 약제는 살비제(殺蜱濟 acaricide)이다.

035

담자균류에 의한 수병이 **아닌** 것은?

① 잣나무털녹병
② 전나무 빗자루병
③ 낙엽송 가지끝마름병
④ 소나무 혹병

해 잣나무털녹병, 전나무 빗자루병, 소나무 혹병은 모두 담자균류에 의한 수목병이지만 낙엽송 가지끝마름병은 자낭균류에 의해 발병한다.

036

다음 피해 증상 중 **공해 피해(아황산가스) 증상**을 바르게 설명한 것은?

① 잎에 둥근 무늬가 생기고 갈색으로 변한다.
② 잎의 뒷면이 흰가루를 뿌린 것 같이 보이고 색깔은 변하지 않는다.
③ 잎의 가장자리와 엽맥사이에 암녹색의 괴사반점이 나타난다.
④ 잎에 그을음이 붙어있는 것 같이 검게 변한다.

해 아황산가스(SO2)에 노출 시 잎의 가장자리와 엽맥 사이에 암녹색의 괴사반점이 나타나고 기공주변이 탈색되거나 괴사하여 낙엽이 된다. ① 탄저병, ② 흰가루병, ④ 그을음병의 증상이다.

037

산림해충이 여름철의 밤에 **불빛을 보면 모여드는 성질을 이용하여 방제**하는 방법은?
① 차단법
② 식이유살법
③ 잠복소유살법
④ **등화유살법**

해 등화유살은 주광성이 강한 곤충을 꾐등불로 유인하여 제거하는 해충 방제법을 말한다.

038

항생물질 살균제가 아닌 것은?
① **석회황합제**
② 스트랩토마이신
③ 옥시테트라사이클린
④ 폴리옥신비

해 스트랩토마이신, 옥시테트라사이클린, 폴리옥신비는 모두 항생물질 살균제이나 **석회황합제는 항생물질이 아닌 산화칼슘과 황을 가열 혼합하여 만든 살균살충제**이다.

039

묘목이 어느 정도 자라서 **목화된 후에 뿌리가 침해되어 암갈색으로 변하며 썩는 모잘록병 유형**은?
① 도복형(倒伏型)
② 지중부패형(地中腐敗型)
③ 수부형(首腐型)
④ **근부형(根腐型)**

해 모잘록병의 유형은 뿌리가 침해되어 암갈색으로 변하며 썩는, 즉 뿌리(根근)가 부패(腐부) 하는 근부형(根腐型)이다.

040

서릿발이 가장 많이 발생하는 곳은?
① 사양토
② 양토
③ 사토
④ **점토**

해 서릿발 피해는 월동기간 중에 묘목의 뿌리가 땅 위로 솟구쳐 올라와서 노출된 상태로 얼어 말라죽는 증상으로 **수분이 많은 점토질 토양**에서 피해가 가장 크다.

041

산림작업용 도끼를 손질할 때 날카로운 삼각형으로 연마하지 않고 **아치형으로 연마하는 이유**로 가장 적합한 것은?

① 도끼날이 목재에 끼이는 것을 막기 위하여
② 연마하기가 쉽기 때문에
③ 도끼날의 마모를 줄이기 위하여
④ 마찰을 줄이기 위하여

해 임업용 도끼날은 아치형으로 연마한 날이 도끼 날이 목재에 끼이는 것을 방지할 수 있으므로 가장 적합하다.
[삼각날은 끼이기 쉽고, 무딘 둔각날은 날이 튀어오른다]

042

일반적으로 벌도목의 가지치기 작업 시 **기계톱의 안내판 길이**로 적합한 것은?

① 30~40cm
② 50~60cm
③ 60~70cm
④ 70~80cm

해 일반적인 벌도목의 가지치기 작업 시 기계톱 안내판 길이는 30~40cm

043

삼각톱니 연마 시 **삼각날 꼭지각**은 어느 정도가 적합한가?

① 30°
② 38°
③ 45°
④ 50°

해 삼각톱니 연마 시 안내판 선의 각도는 침엽수 60도, 활엽수 70도, 꼭지각 38도로 한다.

044

벌목작업 기술에서 **수평절단기술과 거리가 먼** 것은?

① 아래로 절단하는 기분으로 왼손 손잡이를 약간 들어준다.
② 왼손은 손잡이를 왼쪽으로 잡아준다.
③ 왼손을 축으로 하여 오른손으로 돌린다.
④ 지렛대 발톱을 축으로 하여 뒷손잡이를 사용한다.

해 수평절단기술
- 왼손으로 손잡이를 왼쪽으로 잡고 왼손을 축으로 오른손을 약 15도 아래로 하여 오른손으로 돌린다. 지렛대 발톱을 축으로 하여 뒷손잡이를 사용한다.

045

산림무육도구와 거리가 **먼** 것은?
① 재래식낫
② 전정가위
③ 이리톱
④ 쐐기

해 쐐기는 벌목용 도구로 벌목 방향 결정과 톱이 끼이지 않도록 하는 용도로 사용된다.

046

일반 상황 하에서의 **벌목작업 과정 중 순서가 올바른** 것은?
① 작업도구 정돈 → 정확한 벌목방향결정 → 주위정리 → 추구만들기 → 수구만들기
② 작업도구 정돈 → 주위정리 → 정확한 벌목방향결정 → 수구만들기 → 추구만들기
③ 작업도구 정돈 → 정확한 벌목방향결정 → 수구만들기 → 추구만들기 → 주위정리
④ 작업도구 정돈 → 정확한 벌목방향결정 → 주위정리 → 수구만들기 → 추구만들기

해 도구정돈 후 방향결정하고 주위정리한 다음, 톱을 들어 수구먼저 만들고 뒤따라 반대쪽에 추구 만든다.
암기 TIP! 돈방정수추

047

현장에서 사용하고 있는 **동력 가지치기톱(PS50)의 작업방법 중 잘못된** 것은?
① 작업자와 가지치기 봉과의 각도가 최소한 70도를 유지하여야 한다.
② 가지치기 작업은 아래쪽에서 위쪽방향으로 실시한다.
③ 큰 가지는 반드시 아래쪽에서 1/3정도를 먼저 작업한 후 위에서 아래로 안전하게 작업한다.
④ 큰 가지나 긴가지는 한 번에 자르게 되면 톱날이 끼이게 되므로 끝에서부터 3단계로 나누어 자른다.

해 동력 가지치기톱(동력지타기)으로 작업 시 방향은 위쪽에서 아래쪽으로 한다.

048

다음 기계 중 **벌도와 가지치기가 가능한 장비**는?
① 펠러번쳐
② 하베스터
③ 프로세서
④ 포워더

해 벌도와 가지치기가 한 공정으로 가능한 장비는 하베스터다. 펠러번쳐는 벌목 및 소경목 집재가 가능한 고성능 수확장비로 지타나 절단작업은 할 수 없으며, 프로세서는 주로 가지치기만을 하는 대형 장비다. 포워더는 집재 운반용 장비이다.

049

톱니 젖히기에 대한 설명으로 **틀린** 것은?

① 나무와의 마찰을 줄이기 위해 한다.
② 활엽수는 침엽수보다 많이 젖혀 준다.
③ 톱니 뿌리선으로부터 2/3지점을 중심으로 하여 젖혀준다.
④ 젖힘의 크기는 0.2~0.5mm가 적당하다.

해 침엽수는 활엽수보다 일반적으로 더 많이 젖혀준다. 침엽수 젖힘크기는 0.3~0.5mm, 활엽수 젖힘크기는 0.2~0.3mm 나무가 단단할수록 젖힘크기를 작게하여 날카롭게 파고들도록 한다.

050

벌목작업 시 고려할 사항이 **아닌** 것은?

① 벌목방향을 정확히 하여야 한다.
② 안전사고를 예방하기 위한 준칙을 철저히 지켜야 한다.
③ 잔존목의 이용 재적이 많이 나오도록 한다.
④ 주변 입목의 피해를 가능한 감소시켜야 한다.

해 이용 재적(利用材積)이란 입목 가운데 말구의 직경(수피를 제외한 지름)이 6cm 이상인, 이용 가능한 목재의 부피를 말하며 벌목작업은 잔존목의 이용 재적을 최소화하도록 한다.

051

내연기관의 분류 중 **4행정기관의 작동순서**로 맞은 것은?

① 흡입 - 압축 - 폭발 - 배기
② 압축 - 폭발 - 흡입 - 배기
③ 배기 - 압축 - 폭발 - 흡입
④ 폭발 - 배기 - 흡입 - 압축

해 4행정 기관의 작동순서는
흡입 - **압**축 - 폭발(**동**력) - **배**기
암기 TIP! 흡-압-똥-배

052

다음 중 안전사고의 발생 원인으로 **틀린** 것은?

① 작업의 중용을 지킬 때
② 과로하거나 과중한 작업을 수행할 때
③ 실없는 자부심과 자만심이 발동할 때
④ 안일한 생각으로 태만히 작업을 수행할 때

해 중용(中庸)이란 치우침이 없다는 뜻으로 과도하지 않게 침착함을 유지하여 작업한다는 뜻이다.

053

다음 중 **체인톱의 구비조건이 아닌** 것은?

① 중량이 가볍고 소형이며 취급 방법이 간편할 것
② 소음과 진동이 적고 내구성이 높을 것
③ 연료 소비, 수리 유지비 등 경비가 적게 들어갈 것
④ 벌근의 높이를 높게 절단할 수 있을 것

해 벌근이란 나무를 베고 남은 밑동을 말하며, **체인톱은 벌근의 높이를 가능한 낮게** 절단할 수 있어야 한다.

054

산림무육작업 시 준수하여야 할 **유의사항**으로 **틀린** 것은?

① 단독작업을 하되 동료와 가시권, 가청권 내에서 작업한다.
② 기계작업 시는 수동작업과 기계작업을 교대로 한다.
③ 안전장비를 착용한다.
④ 작업로를 설치하지 않고 분산하여 작업한다.

해 안전을 확보하고 작업의 능률을 도모하기 위해 **반드시 작업로를 설치**한다.

055

아크야윈치(썰매형윈치)의 집재작업 시 올바른 작업 준비사항은?

① 작업노선 중앙에 지주목이 있도록 노선을 정리
② 작업노선은 경사를 따라 좌우로 설치
③ 작업노선 상에 있는 그루터기는 30cm 이하로 정리
④ 기계를 고정시키는 말뚝설치

해 아크야윈치는 엔진톱을 이용하는 썰매형 집재기로 임내의 단거리 소집재용으로 많이 이용한다. **작업노선의 중앙에 지주목이 위치하도록 노선을 정리**하여 준비하고, 작업노선은 경사면을 따라 상하로 직선이 되게 설치한다. 작업노선 상 지장목과 그루터기는 완전히 정리하여 걸림이 없어야 한다.

056

와이어로프의 꼬임과 스트랜드의 꼬임방향이 **같은 방향으로 된 것은?**

① 보통꼬임
② 교차꼬임
③ **랑 꼬임**
④ 랑 보통꼬임

해 랑꼬임이란 랭꼬임, 랑그꼬임이라고도 하며 스트랜드의 방향과 로프의 꼬임방향이 같은 것을 말한다.

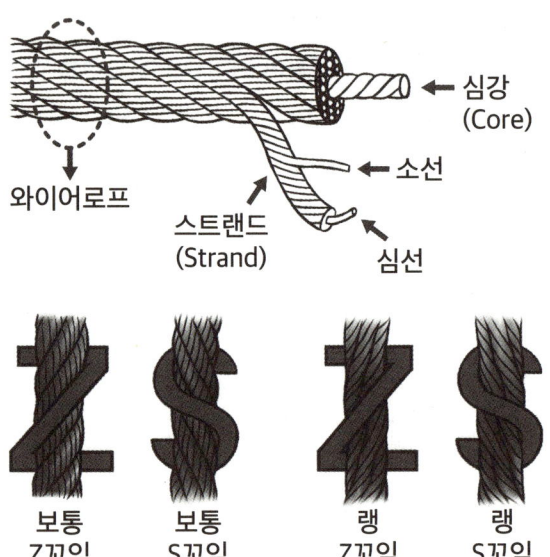

057

다음 그림에서 **톱니의 명칭이 잘못된** 것은?

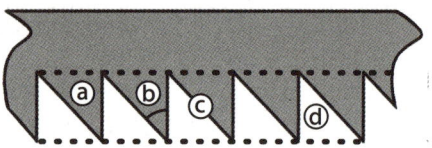

① ⓐ 톱니가슴
② ⓑ 톱니꼭지각
③ ⓒ 톱니등
④ **ⓓ 톱니꼭지선**

해 ⓓ는 **톱니홈(톱밥집)**이다.

058

다음 중 산림작업을 위한 **개인안전장비**로 가장 거리가 **먼** 것은?

① 안전화
② 안전헬멧
③ **구급낭**
④ 안전장갑

해 구급낭은 개인안전장비가 아니라 팀별, 조별로 준비하는 공동장비 및 물품에 속한다.

059

발전의 원리 중 **플라이휠에 부착되어 있는 영구자석과 코일이 감겨있는 철심**과의 전극간격은?

① 0.2mm
② 0.5mm
③ 1.0mm
④ 1.2mm

해 플라이휠에 부착된 영구자석과 코일 철심 간의 전극간격은 0.2mm이다.

060

다음은 **벌목작업** 시 지켜야할 사항이다. **틀린** 것은?

① 벌목방향은 나무가 안전하게 넘어가고 집재하기가 용이한 방향으로 정한다.
② 도피로는 상황에 따라 나무가 넘어가는 방향에 따라 임의로 정한다.
③ 벌목구역은 벌채목을 중심으로 수고의 2배에 해당하는 영역이며, 이 구역에는 벌목자만 있어야 한다.
④ 작업자가 일에 익숙하지 못했거나 또는 비탈진 곳에서 작업을 할 때는 벌채면 높이 표시를 하여 둔다.

해 도피로는 미리 정해두고 도피 시 방해되는 것이 없도록 해야한다. 임의로(마음대로) 정해서는 안된다.

4회

기출 스피드 문답암기

001

꽃이 핀 이듬해 가을에 종자가 성숙하는 수종은?
① 버드나무
② 느릅나무
③ 졸참나무
④ 비자나무

해 비자나무, 굴참나무, 잣나무, 상수리나무, 소나무류는 꽃이 핀 이듬해 가을에 종자가 성숙하는 수종이다.

002

조림할 땅에 종자를 직접 뿌려 조림하는 것은?
① 식수조림
② 파종조림
③ 삽목조림
④ 취목조림

해 조림할 땅에 종자를 직접 뿌려 조림하는 것은 파종조림이다.

003

무육작업이라고 할 수 없는 것은?
① 풀베기
② 솎아베기(간벌)
③ 가지치기
④ 갱신

해 무육작업은 어린 나무의 생장을 촉진하고 재질을 향상하기 위하여 실시하는 관리 작업으로 풀베기, 덩굴치기, 제벌(잡목솎아베기), 가지치기, 간벌(솎아베기)로 구성되어 있다.

암기 TIP! 풀덩제가간

004

밑깎기(下刈)의 가장 중요한 목적은?
① 조림목에 안정된 환경을 만들어주기 위함
② 겨울철에 동해를 방지하기 위함
③ 음수 수종의 생장을 도모하기 위함
④ 수목의 나이테 나비를 조절하기 위함

해 밑깎기(=하예=풀베기)작업은 조림목의 생장을 돕기 위하여 나무 밑에 자라는 잡풀을 깎아 주어 안정된 생육환경을 만들어주는 작업이다.

005

묘목을 심을 때 **뿌리를 잘라주는 주된 목적**은?

① 식재가 용이하다.
② 양분의 소모를 막는다.
③ 수분의 소모를 막는다.
④ 측근과 세근의 발달을 도모한다.

해 단근작업은 측근과 세근 등 잔뿌리 발달을 도모하여 활착률을 높일 수 있다.

006

묘목을 굴취하여 식재하기 전에 묘포지나 조림지 근처에 **일시적으로 도랑을 파서 뿌리부분을 묻어두어 건조 방지 및 생기회복 작업**으로 옳은 것은?

① 가식
② 선묘
③ 곤포
④ 접목

해 가식에 대한 설명이다.
② 선묘는 묘목 고르기를 뜻한다.
③ 곤포(packing)는 묘목을 식재지까지 운반하기 위해 알맞은 크기로 포장하는 작업 또는 포장단위를 말한다.
④ 접목은 식물의 일부를 떼어 다른 식물에 붙이는 작업으로 접붙이기라고도 한다.

007

다음 중 나무의 **가지를 자르는 방법**으로 옳지 **않은** 것은?

① 고사지는 제거한다.
② 침엽수는 절단면이 줄기와 평행하게 가지를 자른다.
③ 활엽수에서 지름 5㎝ 이상의 큰 가지 위주로 자른다.
④ 수액유동이 시작되기 직전인 성장휴지기에 하는 것이 좋다.

해 활엽수에서 지름 5cm 이상의 큰 가지를 자를 시 절단면의 상처가 잘 아물지 않고 썩기 쉽다.

008

대면적의 임분이 일시에 벌채되어 **동령림**으로 구성되는 작업종으로 옳은 것은?

① 개벌작업
② 산벌작업
③ 택벌작업
④ 모수작업

해 개벌작업은 대면적의 임분이 일시에 벌채되어 개벌 후 갱신된 숲은 동령림으로 구성된다.

009

다음 중 **종자의 용적중**이 가장 **큰** 수종은?
① 풀푸레나무
② 낙엽송
③ 복자기나무
④ **소나무**

🖹 용적중이란 종자 1리터에 대한 무게를 뜻하며 보기에서 소나무가 가장 크다.

010

종자가 비교적 **가벼워서 잘 날아갈 수 있는** 수종에 가장 적합한 **갱신 작업**은?
① **모수작업**
② 중림작업
③ 택벌작업
④ 왜림작업

🖹 모수작업은 종자가 비교적 가벼워 잘 날아갈 수 있는 수종에만 적용될 수 있다.(소나무, 해송) 성숙한 임분을 대상으로 모수될 임목을 전 재적의 약 10% 정도 남겨두어 갱신에 필요한 종자를 공급하게 하고 그 밖의 임목(전 재적의 약 90%)은 개벌하는 갱신방법으로 양수수종 갱신에 적합하다. 남겨진 모수(어미나무)는 종자 공급 후 갱신이 끝나면 벌채된다. 모수작업에 의해 갱신된 임분은 동령림 형태이다. 벌채작업이 한 지역에 집중되므로 작업이 간단하고 경제적이다.

011

묘목의 특수식재 중 **친근성이며 직근이 빈약**하고 **측근**이 잘 **발달**된 **가문비나무** 등과 같은 수종의 **어린 노지 묘를 식재할 때 사용**되는 방법은?
① **봉우리 식재**
② 치식
③ 용기묘 식재
④ 대묘식재

🖹 구덩이(식혈)를 판 후 그 안에 원추형 봉우리를 만들어 뿌리를 골고루 펴서 측근발달에 유리하도록 식재하는 봉우리 식재에 대한 설명이다.

012

묘목의 관리 중 **솎기작업**의 설명으로 **틀린** 것은?

① 낙엽송, 삼나무, 편백 등은 2~3회 솎기작업을 한다.
② 소나무류, 전나무류 등은 1~2회 나누어 실시한다.
③ 솎기 시기는 본엽이 나온 때와 8월 하순경에 실시한다.
④ 솎기작업을 한 후에는 관수할 필요가 없다.

해 솎기 작업 후에도 고랑물주기(보도관수) 등 물주기(관수)가 필요하다.

013

2ha의 임야에 밤나무를 **4m 간격의 정방형 식재**를 하려면 얼마의 밤나무 묘목이 필요한가?

① 250 본
② 750 본
③ 1250 본
④ 2250 본

해 조림지에 식재할 묘목 수를 구하는 방법은
- 식재할 묘목 수 = 조림지 면적 / (묘목사이의 거리)^2

  1ha는 10,000m^{2}이므로
  20,000 / 4^2 = 20,000 / 16 = 1,250 본

014

임분 갱신에 관한 설명 중 **틀린** 것은?

① 파종조림, 식재조림은 인공갱신에 속한다.
② 맹아갱신은 대경 우량재 생산이 곤란하다.
③ 천연하종갱신은 경제적이고 적지적수가 될 수 있다.
④ 모든 임분갱신은 천연하종 갱신으로 하는 것이 좋다.

해 천연하종갱신은 다음과 같은 단점이 있다.
- 갱신기간이 오래 걸리며 확실성이 낮다.
- 종자의 비산거리를 고려해야 하므로 소구역으로 작업을 실행해야 한다.
- 생산된 목재가 균일하지 못하다.
- 목재수확이 어려우며 치수가 상하기 쉽다.
- 전문적인 육림기술이 필요하다.

015

다음 종자의 **발아촉진 방법** 중 옳지 않은 것은?

① 종피에 기계적으로 상처를 가하는 방법
② 황산처리법
③ 노천매장법
④ X선법

해 종피에 기계적 상처를 가하는 방법, 황산처리법, 노천매장법은 발아촉진법이고 X선법은 종자검사법의 하나이다.

016

왜림작업에 대한 설명으로 **틀린** 것은?

① 과거 연료재나 신탄재가 필요했던 시절에 주로 사용되었다.
② 벌기가 짧아 적은 자본으로 경영할 수 있다.
③ 묘목의 식재부터 걸리는 여러 단계를 모두 거쳐 생장이 왕성할 때 벌채한다.
④ 벌채는 생장정지기인 11월 이후부터 이듬해 2월 이전까지 실시한다.

해 왜림작업의 벌채시기는 생장이 왕성할 때가 아니라 **뿌리부에 양분이 많이 저장된 생장정지기인 11월 이후부터 이듬해 2월이전까지**(늦겨울부터 초봄 사이가 최적)에 실시한다.

017

묘포설계 구획 시에 시설부지, 주·부도 및 보도를 제외한 **묘목을 양성하는 포지는 전체면적의 몇 %**가 적합한가?

① 20~30%
② 40~50%
③ 60~70%
④ 80~90%

해 묘포설계 구획 비율은 묘목양성포지 60~70%, 묘포경영관련 부지 10%, 나머지 20%는 관수배수로 및 부대시설부지로 구성하는 것이 적합하다.

018

파종조림의 성과에 관계되는 요인으로 가장 거리가 **먼** 것은?

① 수분
② 서리의 해
③ 동물의 해
④ 식물의 해

해 파종 조림의 성과는 수분, 동물로부터의 피해, 일조조건과 기온과 강수량, 또는 서리피해 등 기상조건에 의한 해, 토양조건, 종자 품질 등에 의해 영향을 받는다. 하지만 식물의 해와는 거리가 멀다.

019

인공갱신에 대한 **천연갱신의 장점**이 **아닌** 것은?

① 생산되는 목재가 균일하며 작업이 단순하다.
② 자연환경의 보존 및 생태계 유지측면에서 유리하다.
③ 성숙한 나무로부터 종자가 떨어져서 숲이 조성된다.
④ 보안림, 국립공원 또는 풍치를 위한 숲은 주로 천연갱신에 의한다.

헤 ① 목재가 균일하고 작업이 단순한 것은 인공갱신의 특징이다. 그 밖에 천연갱신은 기후와 토양에 적응한 모수로부터의 하종갱신을 통해 그 지역에 알맞은 수종으로 갱신되며 실패확율이 적다. 치수는 모수의 보호를 받아 병해충에 대한 저항력이 크고 임지가 완전 나출되지 않아 지력유지에 유리하다. 또한 조림비를 절약할 수 있는 것도 천연갱신의 장점이다.
반면에 천연갱신의 단점은 갱신기간이 오래 걸리며 확실성이 낮고, 종자의 비산거리를 고려해 소구역으로 작업을 실행해야 한다. 생산된 목재가 균일하지 못하며 목재수확이 어렵고 치수가 상하기 쉽다. 또한 전문적인 육림기술이 필요한 것도 천연갱신의 단점에 속한다.

020

다음 중 **묘령의 표시**가 맞는 것은?

① 1 - 1묘 : 발아한 후 파종상에서 1년을 지낸 1년생 묘
② 1/1묘 : 파종상에서 6개월, 그 후 판갈이 하여 6개월을 지낸 만 1년생 묘
③ **2 - 1 - 1묘 : 파종상에서 2년, 그 후 판갈이 하여 1년씩 두 번 상체된 묘**
④ 1/2묘 : 뿌리의 나이가 1년, 줄기의 나이가 2년인 삽목묘

헤 ③ 2 (파종상의 년수) - 1 (판갈이 후 이식포에서의 년수) - 1 (판갈이 후 이식포에서의 년수)
① 1-1묘 : 파종상에서 1년 판갈이 후 1년을 지낸 2년생 실생묘
② 1/1묘 : 뿌리 및 줄기의 나이가 각각 1년인 1년생 삽목묘
④ 1/2묘 : 뿌리 나이 2년 줄기나이 1년인 2년생 삽목묘(1/1묘에서 줄기를 자르고 1년 키운 묘)

021

풀베기에서 **전면깎기**에 대한 설명으로 **틀린** 것은?

① 조림목만 남겨 놓고 모든 잡초를 깎는다.
② 피압으로 수형이 나빠지기 쉬운 양수에 적용한다.
③ **우리나라 북부지방에서 주로 실시하는 방법이다.**
④ 낙엽송, 소나무, 삼나무, 잣나무 등에 잘 적용된다.

해 풀베기에서 **전면깎기**는 모두베기라고도 하며, **우리나라 북부지역보다는 광선량이 풍부하고 임지가 상대적으로 비옥한 남부지역에 적합하다.**

022

우량대경재를 생산하기 위한 숲을 대상으로 **미래목을 선발**하여 우수한 나무의 자람을 촉진하는 **간벌 방법**은?

① 상층 간벌
② **도태 간벌**
③ 기계적 간벌
④ 택벌식 간벌

해 도태간벌에 대한 설명이다.

023

산벌작업에서의 **갱신기간**으로 옳은 것은?

① 예비벌부터 하종벌까지
② **하종벌부터 후벌까지**
③ 후벌부터 하종벌까지
④ 수광벌부터 종벌까지

해 산벌작업은 임분을 예비벌, 하종벌, 후벌 등 3단계 갱신벌채를 실시하여 갱신하는 방법으로 갱신기간은 **갱신준비단계인 예비벌을 제외하고 하종벌부터 후벌까지**이다.

024

산벌작업의 가장 올바른 작업 순서는?

① **예비벌 → 하종벌 → 후벌**
② 하종벌 → 후벌 → 예비벌
③ 후벌 → 예비벌 → 하종벌
④ 후벌 → 하종벌 → 수광벌

해 산벌작업은 임분을 **예비벌, 하종벌, 후벌** 등 3단계 **갱신벌채**를 실시하여 갱신하는 방법이다.

025

조림용 장려 수종은 장기수, 속성수, 유실수 등으로 구분하는데, 그 중 특성에 따라 **오랜 기간 자라서 큰 목재를 생산하는 장기수**로 적합한 것은?

① **잣나무**
② 현사시나무
③ 오동나무
④ 밤나무

해 잣나무는 오랜기간 자라 대경재를 생산하는 장기수에 속하며, 그 외에 **전나무, 삼나무, 낙엽송 등이 대표적인 장기수**이다. 현사시나무와 오동나무는 속성수, 밤나무는 유실수로 구분한다.

026

한해(旱害)의 피해를 경감하는 방법으로 옳은 것은?

① 낙엽과 기타 지피물을 제거한다.
② 묘목을 얕게 심는다.
③ 평년보다 파종 등 육묘작업을 늦게 한다.
④ **관수가 불가능할 때에는 해가림, 흙깔기 등을 한다.**

해 가뭄피해인 한해(旱害)가 예상될 때는 수분증발을 억제할 수 있는 해가림, 흙깔기(지면피복)등으로 예방할 수 있다.

027

수병과 **중간기주와의 연결**이 옳게 된 것은?

① 소나무 혹병 - 참나무
② 잣나무털녹병 - 낙엽송
③ 포플러 잎녹병 - 송이풀
④ 소나무류 잎녹병 - 등골나물

해 ① 소나무 혹병의 중간기주는 참나무류이다.
② 잣나무 털녹병 중간기주 - 송이풀, 까치밥나무
③ 포플러 잎녹병 중간기주 - 낙엽송
④ 소나무류 잎녹병 - 황벽나무, 참취, 잔대

028

산불이 났을 때 수목이 견디는 힘은 수종에 따라 다르다. 다음 중 내화력이 강한 수종만으로 나열한 것은?

① 은행나무, 아왜나무, 녹나무
② 분비나무, 소나무, 가시나무
③ 아까시나무, 고로쇠나무, 사철나무
④ **가문비나무, 굴거리나무, 참나무**

해 은행나무, 분비나무, 가시나무, 고로쇠나무, 사철나무, 가문비나무, 굴거리나무, 참나무는 산불에 견디는 힘(내화력)이 강한 수종이다. 하지만 녹나무, 소나무, 아까시나무는 내화력이 약하다.

029

산림화재에 대한 설명으로 **틀린** 것은?

① 지표화는 지표에 쌓여 있는 낙엽과 지피물·지상관목층·갱신치수 등이 불에 타는 화재이다.

② 수간화는 나무의 수관에 불이 붙어서 수관에서 수관으로 번져 타는 불을 말한다.

③ 지중화는 낙엽층의 분해가 더딘 고산지대에서 많이 나며, 국토의 약 70%가 산악지역인 우리나라에서 특히 흔하게 나타나며, 피해도 크다.

④ 수간화는 나무의 줄기가 타는 불이며, 지표화로부터 연소되는 경우가 많다.

해 ③ 지중화(ground fire)는 땅속에서 불이 나는 것으로 낙엽층의 분해가 더딘 고산지대에서 많이 나며, 우리나라에서는 드물다.

030

파이토플라스마(Phytoplasma)에 의한 병이 **아닌** 것은?

① 벚나무빗자루병
② 뽕나무 오갈병
③ 오동나무빗자루병
④ 대추나무빗자루병

해 **파이토플라스마**에 의해 발생하는 병에는 **뽕**나무 오갈병, **오**동나무빗자루병, **대**추나무빗자루병이 있으며 벚나무빗자루병은 자낭균에 의해 발병한다.

암기 TIP! 파이토플라스마 - 뽕오대!

031

주로 **잎**을 가해하는 **식엽성 해충**으로 짝지어진 것은?

① 솔나방, 천막벌레나방
② 흰불나방, 소나무좀
③ 오리나무잎벌레, 밤나무혹벌
④ 잎말이나방, 도토리거위벌레

해 ① 솔나방과 천막벌레나방은 주로 잎을 가해하는 식엽성 해충이다. 흰불나방은, 오리나무잎벌레는 식엽성 해충이나 소나무좀은 분열조직을 가해한다. 밤나무혹벌은 밤나무 눈에 기생하며 충영을 만드는 해충이며 도토리거위벌레는 구과(열매)에 구멍을 뚫어 가해하는 해충이다. 잎말이나방은 발아기 눈을 파먹고 잎을 말고 들어가 꽃과 열매를 가해한다.

032

다음 중 **수목에 가장 많은 병을 발생**시키고 있는 병원체는?

① 균류
② 세균
③ 파이토플라스마
④ 바이러스

해 수목에 가장 많은 병을 발생시키는 병원체는 균류(진균)이다.

033

살충제 중 **해충의 입을 통해 체내로 들어가 중독 작용**을 일으키는 약제는?

① 접촉제
② 훈증제
③ 침투성살충제
④ 소화중독제

해 소화중독제는 식물체 표면에 약제성분을 부착시켜 해충이 입을 통해 먹이와 함께 약제를 먹게 하여, 해충의 소화기관 내로 들어가 중독작용을 일으키는 약제이다.

034

다음 그림과 같이 **작은 나뭇가지에 가락지모양으로 알을 낳는 해충**은?

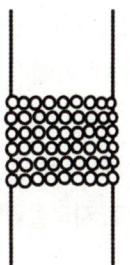

① 집시나방
② 어스렝이나방
③ 미국흰불나방
④ 천막벌레나방

해 ④ **천막벌레나방**은 작은 나뭇가지에 **반지모양으로 300개 정도**의 알을 낳는다.

035

다음이 설명하는 해충으로 옳은 것은?

> 암컷 성충의 몸길이는 2~2.5mm이고 몸 색깔은 황색에서 황갈색이며 유충이 솔잎의 기부에서 즙액을 빨아먹어 피해가 3~4년 계속되면 나무가 말라죽는다. 솔나방과 반대로 울창하고 습기가 많은 삼림에 크게 발생한다. 1년에 1회 발생하며 유충으로 지피물밑이나 흙속에서 월동한다.

① 소나무좀
② 솔잎깍지벌레
③ 솔잎혹파리
④ 소나무가루깍지벌레

해 ③ 솔잎혹파리에 대한 설명이다.

036

산림화재 후에 임목에 가장 큰 피해를 주는 산림 해충은?

① 솔나방
② 소나무좀벌레
③ 오리나무잎벌레
④ 넓적다리잎벌

해 ② 소나무좀벌레는 산림화재 후 죽지 않았더라도 생장력이 저하되고 체내수분감소에 의해 병해충에 대한 저항력이 약해진 임분에 2차 전염피해를 발생시킨다.

037

바이러스 감염에 의한 목본식물의 대표적인 병징은?

① 혹
② 모자이크
③ 탈락
④ 총생

해 모자이크 무늬 발생은 바이러스 감염에 의한 대표적인 병징이다.

038

모잘록병의 방제법이 아닌 것은?

① 묘상이 과습하지 않도록 주의하고, 햇볕이 잘 쬐도록 한다.
② 파종량을 적게 하고 복토가 너무 두껍지 않도록 한다.
③ 인산질 비료를 적게 주어 묘목을 튼튼히 한다.
④ 병이 심한 묘포지는 돌려짓기를 한다.

해 모잘록병 방제법으로는 배수를 철저히하고 통기성을 좋게하여 과습하지 않도록 토양을 관리하며, 파종량을 알맞게 하고, 복토를 두텁지 않게하며, 밀식되었을 때에는 솎음질을 한다. 질소질 비료의 과용을 삼가고, 인산질 비료를 충분히 주며 완숙한 퇴비를 준다. 병든 묘목은 발견 즉시 뽑아 태우고, 병이 심한 포지는 돌려짓기를 한다.

039

수관화(樹冠火)가 발생하기 쉬운 상대습도(관계습도)는?

① 25% 이하
② 30~40%
③ 50~60%
④ 70%

해 수관화란 나뭇가지나 잎이 무성한 부분(수관)만을 태우며 빠르게 지나가는 산불을 뜻하며 수관화가 발생하기 쉬운 상대습도는 25% 이하이다.

040

묘포에서 뿌리나 지·접근부를 주로 가해하는 곤충류는?

① 풍뎅이과
② 유리나방과
③ 솜벌레과
④ 혹파리과

해 풍뎅이과(딱정벌레목)는 뿌리나 지면에서 가까운 부위를 주로 가해한다.

041

체인톱날 연마 시 깊이제한부를 너무 낮게 연마했을 때 나타나는 현상으로 틀린 것은?

① 톱밥이 정상으로 나오며 절단이 잘된다.
② 톱밥이 두꺼우며 톱날에 심한 부하가 걸린다.
③ 안내판과 톱니발의 마모가 심해 수명이 단축된다.
④ 체인이 절단되면서 사고가 날 수 있다.

해 깊이제한부(depth gauge)연마는 절삭깊이를 조절하며 높게 연마 시 절삭 깊이가 얕아져 절삭량이 적어지고, 낮게 연마 시 톱날에 심한 부하가 걸려 안내판과 톱날의 수명이 단축된다. 깊이제한부가 너무 낮게 연마 시 톱밥이 굵고 길게 나오며, 깊이제한부가 너무 높으면 가루가 많이 발생한다.

042

체인톱의 톱니가 잘 세워지지 않은 것을 사용할 때 발생할 수 있는 문제점으로 가장 거리가 먼 것은?

① 절단효율 저하
② 진동발생
③ 톱 체인 마모 또는 파손
④ 엔진파손

해 체인톱 톱니가 날카롭게 세워지지 않은 것을 사용 시 절단력과 절단효율이 저하되고 진동이 심해지며 체인에 무리가 가면서 미모되거니 피손될 우려가 있다. 하지만 톱날 세움정도와 엔진이 파손되는 것과는 거리가 멀다.

043

체인톱날 종류에 따른 **각 부의 연마각도**로 옳은 것은?

① 반끌형 : 가슴각 80°
② **끌형 : 가슴각 80°**
③ 반끌형 : 창날각 30°
④ 끌형 : 창날각 35°

해 반끌형의 가슴각은 85도, 끌형의 가슴각은 80도, 반끌형의 창날각은 35도, 끌형의 창날각은 30도이다.

044

체인톱을 항상 양호한 상태로 유지하기 위해서는 **작업 전과 작업 후에** 반드시 기계를 점검하고 청소를 해야 한다. **체인톱의 청소 항목에** 해당되지 **않는** 것은?

① 기계 외부의 흙, 톱밥 등 제거
② 에어클리너의 청소
③ **엔진 내부 및 연료통의 청소**
④ 톱 체인의 청소와 톱니세우기

해 **엔진 내부 및 연료통의 청소**는 작업 전후 점검사항이 아니라 **분기점검 사항이다.**

045

소경재 벌목을 위해 비스듬히 절단할 때는 수구를 만들지 않는 경우 벌목 방향으로 몇 도 정도 경사를 두어 바로 **벌채**하는가?

① 20°
② 30°
③ 40°
④ 50°

해 소경재 벌목 시 수구없이 비스듬히 절단할 때는 벌목 방향으로 20° 정도 경사를 두어 바로 벌채할 수 있다.

046

산림작업 시 **안전사고의 발생원인**과 거리가 먼 것은?

① 안일한 생각으로 태만히 작업을 할 때
② 과로하거나 과중한 작업을 수행할 때
③ 계획 없이 일을 서둘러 할 때
④ **기술능력을 최대한 발휘할 때**

047

임도가 적고 지형이 급경사지인 지역의 **집재작업**에 가장 적합한 집재기는?

① 포워더
② **타워야더**
③ 트랙터
④ 펠러번처

해 산속 도로(임도)가 적고 급경사지에서는 타워야더를 설치하여 벌목된 나무를 운반이 편리한 장소로 이동시키는 것이 좋다.

048

측척의 용도로 옳은 것은?

① 벌도목의 방향전환에 사용되는 도구이다.
② 침엽수의 박피를 위한 도구이다.
③ **벌채목을 규격재로 자를 때 표시하는 도구이다.**
④ 산악지대 벌목지에서 사용되는 도구로서 방향전환 및 끌어내기를 동시에 할 수 있는 도구이다.

해 측척은 벌채목을 규격재로 자르기 위해 절단할 부분을 표시하는 도구로 한쪽 끝에 손잡이가 있고 손잡이 밑에 톱날이 부착되어 있다. 손잡이를 밀고 당기는 식으로 톱질을 한다.

049

일반적으로 **도끼자루 제작에 가장 적합한 수종**으로 묶어진 것은?

① 소나무, 호두나무, 느티나무
② **호두나무, 가래나무, 물푸레나무**
③ 가래나무, 물푸레나무, 전나무
④ 물푸레나무, 소나무, 전나무

해 도끼자루는 **탄력성이 좋고, 섬유장이 긴 활엽수** 호두나무, 가래나무, 물푸레나무가 적합하며, 그 외에도 가시나무, 느티나무, 단풍나무, 참나무류 등도 도끼자루용 목재로 적합하다.

050

톱니를 갈 때 **약간 둔하게 갈아야 톱의 수명도 길어지고 작업능률도 높아지는 벌목지**는?

① 소나무 벌목지
② 포플러류 벌목지
③ 잣나무 벌목지
④ **참나무류 벌목지**

해 참나무류 등 섬유장이 길고 질기며 강도가 강한 활엽수 계통의 벌목지에서는 톱니를 갈 때 약한 둔하게 갈아야 톱의 수명도 길어지고 작업능률도 높아진다.

051

무육작업 시 사용되는 임업용 톱의 톱니 관리 방법 중 **톱니 젖힘은 톱니 뿌리선으로부터 어느 지점을 중심으로 젖혀야 하는가?**

① 1/3 지점
② 1/4 지점
③ 1/5 지점
④ **2/3 지점**

[해] 톱니 젖힘은 **뿌리선으로부터 2/3 지점**을 중심으로 젖힌다.

052

다음 (   )안에 적당한 값을 순서대로 나열한 것은?

> 기계톱의 체인 규격은 피치(pitch)로 표시하는데, 이는 서로 접하여 있는 (   )개의 리벳간격을 (   )로 나눈 값을 나타낸다.

① 1, 2
② **3, 2**
③ 2, 4
④ 4, 2

[해] **피치란 리벳 3개의 간격을 2등분하여 인치로 표시한 것**으로 스프로킷의 피치와 일치하여야 한다.

053

산림작업을 위한 **안전사고 예방 수칙**으로 올바른 것은?

① 긴장하고 경직되게 할 것
② 비정규적으로 휴식할 것
③ 휴식 직후는 최고로 작업속도를 높일 것
④ **몸 전체를 고르게 움직여 작업할 것**

[해] 산림작업 시 안전예방을 위해서는 신체 일부만을 사용한 경직된 자세와 움직임보다는 몸 전체를 고르게 움직여 자연스러운 동작으로 작업하는 것이 신체에 무리가 가지 않는다.

054

체인톱날 연마용 줄의 선택으로 적합한 것은?

① 줄의 지름이 1/10 상부날 아래로 내려오는 것
② **줄의 지름이 1/10 상부날 위로 올라오는 것**
③ 줄의 지름이 상부날과 수평인 것
④ 줄의 지름이 5/10 정도 상부날 아래로 내려오는 것

[해] 체인톱날 연마 시 **줄의 지름은 1/10 정도가 톱날 상부로 올라오는 것**으로 선택한다.

055

기계톱을 이용한 벌도목 가지치기 시 유의사항으로 옳지 **않은** 것은?

① 톱은 몸체와 가급적 가까이 밀착시키고 무릎을 약간 구부린다.
② 오른발은 후방손잡이 뒤에 오도록 하고 왼발은 뒤로 빼내어 안내판으로부터 멀리 떨어져있도록 한다.
③ 가지는 가급적 안내판의 끝쪽인 안내판코를 이용하여 절단한다.
④ 장력을 받고 있는 가지는 조금씩 절단하여 장력을 제거한 후 작업한다.

해 안내판의 끝쪽을 사용하여 절단 시 체인톱날이 작업자의 신체를 향해 튀어오르는 킥백(kick-back 반력현상)이 발생할 수 있으므로 안내판 끝쪽 상단은 이용하지 않는다.

056

체인톱의 배기가스가 검고, 엔진에 힘이 없다. 어떠한 경우에 이러한 결함이 생기는가?

① 기화기 조절이 잘못되었다.
② 연료 내 오일 혼합량이 적다.
③ 플러그에서 조기점화가 되기 때문이다.
④ 안내판으로 통하는 오일 구멍이 막혔다.

해 기화기(카브레터)는 연료를 기체화시켜 공기와 혼합한 다음 적절한 양으로 혼합기를 공급하는 장치이다. 기화기 내 오염물질이 퇴적되었거나 조절이 잘못될 경우 배기가스의 색이 검고 엔진이 힘이 없는 원인이 된다.

057

전문 벌목용 체인톱의 일반적인 본체 수명으로 옳은 것은?

① 500시간 정도
② 1000시간 정도
③ 1500시간 정도
④ 2000시간 정도

해 체인톱의 일반적인 본체 수명은 1,500시간 정도이다.

058

기계톱날의 구성요소 중 **목재의 절삭두께에 영향을 주는 것은?**

① 창날각
② 지붕각
③ 전동쇠
④ **깊이제한부**

🔑 깊이제한부(depth guage)는 절삭깊이를 조절하며 높게 연마 시 절삭 깊이가 얕아져 절삭량이 적어지고, 낮게 연마 시 톱날에 심한 부하가 걸려 안내판과 톱날의 수명이 단축된다.

059

예불기에 의한 작업 시 **톱날의 위치는 지상으로부터 어느 정도**의 높이가 가장 적합한가?

① 1~5cm
② 5~10cm
③ **10~20cm**
④ 20~30cm

🔑 예불기 작업 시 톱날은 지상으로부터 10~20cm 띄워서 작업한다.(톱날 각도는 5~10도)

060

일반적으로 많이 사용되는 **체인톱의 연료에** 대한 설명으로 옳은 것은?

① **연료는 휘발유 10ℓ에 엔진오일 0.4ℓ를 혼합하여 사용한다.**
② 옥탄가가 높은 휘발유를 사용한다.
③ 작업도중 연료 보충은 엔진가동 상태로 혼합한다.
④ 연료통을 흔들지 않고 기계톱에 급유한다.

🔑 2행정기관인 체인톱 엔진에 사용하는 연료의 **가솔린(휘발유)와 엔진오일 비율은 25 : 1**이므로 **휘발유 10리터에 엔진오일 0.4리터를 혼합하여 사용한다.** 옥탄가가 높은 휘발유는 노킹이 적다는 의미이나 휘발유만을 사용해서는 안되며 체인톱의 연료는 휘발유와 엔진오일의 혼합유를 사용한다.
반드시 엔진을 정지하고 연료통을 잘 흔들어 주유한다.

기출 스피드 문답암기

001

은행나무, 잣나무, 벚나무, 느티나무, 단풍나무 등의 **발아 촉진법**으로 가장 적당한 것은?

① 종자 정선이 끝나는 바로 노천매장을 한다.
② 씨뿌리기 한 달 전에 노천매장을 한다.
③ 보호저장을 한다.
④ 습적법으로 한다.

해 종자의 발아촉진법에는 노천매장, 건사저장, 고온저장, 온상매장 등이 있으며 은행나무, 잣나무, 벚나무, 느티나무, 단풍나무, 들메나무 등은 채종 즉시 노천매장을 하는 수종이다. 노천매장법은 땅속 50~100 cm 깊이에 모래와 섞어 묻어 종자를 저장하고, 종자의 후숙을 도와 발아를 촉진시키는 방법으로 저장과 발아를 동시에 할 수 있다.

002

숲 가꾸기에서 **가지치기**를 하는 가장 큰 목적은?

① 중간수입을 얻는다.
② 연료(땔감)를 수확한다.
③ 마디가 없는 우량목재를 생산한다.
④ 생장을 촉진한다.

해 가지치기의 가장 큰 목적은 마디가 없는 매끈한 간재를 얻을 수 있다는 점이다. 그 밖에 가지치기의 목적은 아래와 같다.

가지치기의 목적(장점)
- 신장생장을 촉진시킨다.
- 나이테 폭의 넓이를 조절하여 수간의 완만도를 높인다.
- 하목의 수광량을 증가시켜 성장을 촉진시킨다.
- 임목상호간의 부분적 경쟁을 완화시킨다.
- 산림화재의 위험성이 줄어든다.

003

비교적 **짧은 기간 동안에 몇 차례로 나누어 베어내고 마지막에 모든 나무를 벌채**하여 숲을 조성하는 방식으로, **갱신된 숲은 동령림**으로 취급되는 작업 방식은?

① **산벌작업**
② 모수작업
③ 택벌작업
④ 왜림작업

🖼 **산벌작업**에 대한 설명이다.
② **모수작업**은 성숙한 임분을 대상으로 모수가 되는 임목을 약 10%를 남겨 갱신에 필요한 종자를 공급하게 하고 그 밖의 임목(전 재적의 약 90%)은 개벌하는 갱신방법으로 양수수종 갱신에 적합하다.
③ **택벌작업**은 산림생태계의 안정적 유지를 위해 전구역을 몇 개의 벌채구로 구분하여 순차적으로 벌채해 나가는 방법으로 갱신기간에 제한이 없고 성숙임분만 일부 선택적으로 벌채된다.
④ **왜림작업**은 주로 연료(땔감)이나 소형재를 채취하기 위해 짧은 벌기로 줄기를 벌채하고 난 후 그 그루에서 발생한 맹아(움돋이)가 자극을 받아 갱신하는 방법

004

갱신하고자 하는 임지 위에 있는 임목을 **일시에 벌채하고 새로운 임분을 조성**시키는 방법은?

① **개벌작업**
② 모수작업
③ 택벌작업
④ 산벌작업

🖼 개벌작업은 갱신을 목적으로 **일정구역 내 입목 전체를 모두 벌채**하는 작업종을 말한다. 대면의 임분이 일시에 벌채되기 때문에 갱신 후 동령림으로 구성된다. 현존하는 임분 전체를 1회 벌채로 모두 제거하고 그 자리에 인공식재, 파종, 천연갱신에 의해 후계림을 조성하는 방법이다.

005

우량묘목 생산기준에서 **T/R율은 무엇인가?**

① 묘목의 무게이다.
② **묘목의 지상부 무게를 뿌리부의 무게로 나눈 값이다.**
③ 묘목의 뿌리부 무게를 지상부의 무게로 나눈 값이다.
④ 묘목의 지상부의 무게에서 뿌리부의 무게를 뺀 값이다.

🖼 **T/R율은 지하부(Root 뿌리부)에 대한 지상부(Top 줄기와 가지)의 비율**, 즉 묘목의 지상부 무게를 뿌리부의 무게로 나눈 값으로 나타낸다.

006

다음에서 **제벌작업 시 제거되어야 할 나무**로만 옳게 나열한 것은?

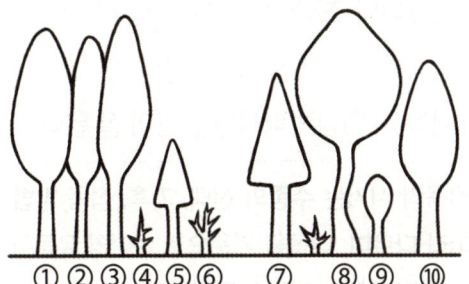

가. ①, ⑤
나. ④, ⑤
다. ⑦, ⑨
라. ②, ⑧

해 ② 밀생목과 ⑧ 폭목(수관 발달이 지나쳐 조림목에 압박을 가하는 수목)은 제거한다.
• 제벌작업은 잡목솎아내기 또는 어린나무가꾸기(치수무육)를 말하며 조림목 외의 수종을 제거하고 조림목 중 형질이 불량한 나무를 벌채하는 무육작업이다. 제벌작업 시 제거대상목에는 열등형질목, 폭목, 유해수종, 침입목 및 가해목, 밀생목 등이 있다.

007

바다에서 불어오는 바람은 염분이 있어 식물에 해를 준다. 이러한 **해풍을 막기 위해 조성하는 숲**은?
① 방풍림
② 풍치림
③ **사구림**
④ 보안림

해 염분을 품은 해풍을 막기 위해 해안가 모래언덕 해안사구(砂丘)에 조성하는 방재림을 사구림이라 한다.

008

침엽수의 가지를 제거하는 가장 좋은 방법은?
① 가지밑살의 끝부분에서 자른다
② 가지가 뻗은 방향에 직각되게 자른다.
③ 수간에 오목한 자국이 생기게 자른다.
④ **수간에 바짝 붙여 수간 축에 평행하도록 자른다.**

해 침엽수 가지는 활엽수와 달리 **수간에 바짝 붙여 수간 축에 평행하게 자른다.**

009

묘목의 판갈이 또는 산출 시 **단근작업**을 하는 **가장 큰 이유**는?

① 지상부 생장 촉진을 위하여
② 양분 소모를 적게 하기 위하여
③ 수분의 소모를 억제하기 위하여
④ **가는 뿌리(세근)의 발달을 촉진하기 위하여**

해 묘목의 판갈이 시 단근작업을 해주는 가장 큰 이유는 세근 및 측근을 발달시켜 활착률을 높이기 위함이다.

010

채종림의 조성 목적으로 가장 적합한 것은?

① 방풍림 조성
② **우량종자 생산**
③ 사방 사업
④ 자연보호

해 채종림 조성의 최우선 목적은 우량종자 생산이다.

011

다음 설명 중 옳지 **않은** 것은?

① 취목은 휘묻이라고도 한다.
② 꺾꽂이와 조직배양은 무성번식이다.
③ **접목은 가을에 실시하는 것이 좋다.**
④ 취목 시 환상박피하면 발근이 잘 된다.

해 **접목의 시기**는 수종의 선택, 기후, 접목 방법 등에 따라 다르며, 대목을 기준으로 수액의 유동이 시작할 시기인 2~4월경이 적당하다.

012

대면적 개벌 천연하종갱신법의 장단점에 관한 설명으로 옳은 것은?

① 음수의 갱신에 적용한다.
② 새로운 수종 도입이 불가하다.
③ 성숙임분갱신에는 부적당하다
④ **토양의 이화학적 성질이 나빠진다.**

해 대면적 개벌 천연하종갱신법은 양수의 갱신에 적용될 수 있으며 새로운 수종도입과 성숙임분갱신에 적당하다. 작업실행이 비교적 용이하고 빠르게 될 수 있고, 동일 규격의 목재 생산으로 경제적으로 유리할 수 있다. 하지만 임지의 황폐화와 지력저하가 발생하는 단점이 있다.

013

다음 중 곤포당 수종의 본수가 가장 적은 것은?
① 잣나무(2년생)
② 삼나무(2년생)
③ 호두나무(1년생)
④ 자작나무(1년생)

해 곤포당 본수
① 잣나무(2년생) 2,000본
② 삼나무(2년생) 1,000본
③ 호두나무(1년생) 500본
④ 자작나무(1년생) 1,000본

014

전체 나무 중 우량목과 불량목의 비율이 어느 정도 되어야만 그 임분은 좋은 채종림이라 할 수 있는가?
① 우량목 30% 이상, 불량목 15% 이하
② 우량목 40% 이상, 불량목 15% 이하
③ 우량목 50% 이상, 불량목 20% 이하
④ 우량목 70% 이상, 불량목 20% 이하

해 채종림 선별 시 기준은 우량목 50% 이상, 불량목 20% 이하이다.

015

숲 가꾸기와 관련된 설명으로 옳은 것은?
① 풀베기는 대개 9월 이후에도 실시한다.
② 풀베기는 조림목의 수고가 50cm 이상이 되도록 한다.
③ 제벌은 겨울철에 실시하는 것이 좋다.
④ 덩굴치기에 있어서 칡의 제거는 줄기절단보다 약제 처리가 효과적이다.

해 덩굴치기에 있어서 칡은 햇볕을 좋아하는 특성을 지닌 덩굴류로 매우 강한 생명력을 지니고 있어 1일 생장량이 최대 30cm나 된다. 줄기의 절단보다는 원뿌리를 찾아 근사미 등 약제로 처리하는 것이 효과적이다.

016

대목이 비교적 굵고 접수가 가늘 때 적용되는 접목법은?
① 박접
② 절접
③ 복접
④ 할접

해 대목이 비교적 굵고 접수가 가늘 때는 할접이 적합하다. 할접은 짜개접이라고도 하며 대목의 중앙부분을 칼로 쪼갠 다음 접수를 대목의 쪼갠 만큼의 깊이로 쐐기모양으로 깎아 삽입하여 대목과 접수의 형성층을 평행하게 접합시키는 방법이다.

017

다음 수종 중 **측면맹아력**이 가장 강한 수종은?

① 잣나무

② 아까시나무

③ 낙엽송

④ 소나무

🅗 보기 중 **측면맹아력이 강한 수종으로는 아까시나무**다. 소나무, 낙엽송, 잣나무, 밤나무는 맹아력이 약한 수종이다.

018

일반적인 **간벌 순서**로 옳은 것은?

① 간벌목 선정 → 답사 → 벌도 → 뒷손질

② 답사 → 간벌목 선정 → 벌도 → 뒷손질

③ 답사 → 간벌목 선정 → 뒷손질 → 벌도

④ 간벌목 선정 → 뒷손질 → 답사 → 벌도

🅗 일반적인 간벌 순서는 먼저 임지의 상태를 파악하여 간벌시기를 정하는 답사를 한 후 간벌목 선정, 벌도, 뒷손질 순서로 진행한다.

019

유실수의 밤나무는 보통 1ha 당 몇 본을 식재하는가?

① 400본

② 800본

③ 1200본

④ 3000본

🅗 유실수인 밤나무의 식재밀도는 1ha당 400본을 기본으로 한다.

020

선천적 유전 형질에 의해서 **삽수의 발근이 대단히 어려운 수종**은?

① 향나무

② 밤나무

③ 사철나무

④ 동백나무

🅗 **밤나무는 선천적 유전 형질 상 삽수 발근이 대단히 어렵다.** 그 외 오리나무, 감나무, 호두나무 등도 발수 발근이 어려운 수종이다.

021

채집된 종자를 건조시킬 때 **음지 건조를 시켜야하는 수목종자**로 바르게 짝지어진 것은?

① 소나무류, 해송
② 낙엽송, 전나무
③ **참나무류, 편백**
④ 회양목, 소나무류

해 참나무류, 편백은 채집된 종자를 통풍이 잘되는 곳에서 음지건조 시켜야 한다. 또한 햇볕에 약한 오리나무류, 포플러류, 화백은 통풍이 잘 되는 옥내에 얇게 펴서 반음건조 시킨다.

022

질소의 함유량이 20%인 비료가 있다. 이 비료를 80g 주었을 때 질소성분량으로는 몇 g을 준 셈이 되는가?

① 8g
② **16g**
③ 20g
④ 80g

해 비료 속의 질소 함유량이 20%이므로,
비료 80g 속의 질소성분량은 80g의 20%
80 X 0.2 = 16g이다.

023

다음 중 **가지치기의 단점으로 틀린 것은**?

① 나무의 성장이 줄어들 수 있다.
② 부정아가 발생한다.
③ 작업상 노무문제가 있다.
④ **무절재를 생산한다.**

해 나무의 성장이 줄어들거나, 부정아발생과 노무문제는 가지치기 작업에서 발생할 수 있는 단점이 맞지만 무절재, 즉 곧고 옹이(마디)가 없어 이용가치가 높은 간재를 생산할 수 있는 점은 가지치기의 장점이다.

024

대면적 개벌법에 의한 갱신 시 **소나무의 종자 비산거리**로 옳은 것은?

① 모수 수고의 1~3배
② **모수 수고의 3~5배**
③ 모수 수고의 4~6배
④ 모수 수고의 5~7배

해 소나무 종자의 비산거리는 모수 수고의 3~5배 정도이다.

025

소나무 천연림의 나이가 어릴 때 보육의 **궁극적인 목표**는?

① 우량 용재 생산
② 땔감, 표고 용재
③ 송이 생산
④ 휴양 풍치림

해 우량한 용재를 생산하는 것이 소나무 치수보육의 궁극적인 목표다.

026

솔나방의 방제방법으로 **틀린** 것은?

① 4월 중순~6월 중순과 9월 상순~10월 하순에 유충이 솔잎을 가해할 때 약제를 살포한다.
② 6월 하순부터 7월 중순 고치속의 번데기를 집게로 따서 소각한다.
③ 솔나방의 기생성 천적이 발생할 수 있도록 가급적 단순림을 조성한다.
④ 성충 활동기에 피해 임지에 수은등을 설치한다.

해 해충의 피해는 수종이 단순한 단순림이 여러 수종을 섞어놓은 혼효림보다 크다.
즉, 단순림은 해충피해에 취약하다.

027

한상(寒傷)에 대한 설명으로 옳은 것은?

① 식물체의 조직 내에 결빙현상은 발생하지 않지만 저온으로 인해 생리적으로 장애를 받는 것이다.
② 온대식물에 피해를 가장 받기 쉽다.
③ 저온으로 인해 식물체 조직 내에 결빙현상이 발생하여 식물체를 죽게 한다.
④ 한겨울 밤 수액이 저온으로 인해 얼면서 부피가 증가할 때 수간이 갈라지는 현상이다.

해 ① 한상은 식물체의 조직 내에 **결빙현상은 발생하지 않지만 저온으로 인해 생리적으로 장애를 받는 것**이다.
• 저온으로 인한 조직내 결빙현상으로 인한 피해는 동해, 한겨울 밤 수액이 얼어 수간이 갈라지는 현상은 상렬이라 한다.

028

다음 수병 중 **자낭균**에 의해 발생되지 **않는** 것은?

① 그을음병
② 탄저병
③ 흰가루병
④ 모잘록병

해 그을음병, 탄저병, 흰가루병은 자낭균에 의해 발생하지만, 모잘록병은 Pythium ultimum이라고 하는 난균류에 속하는 곰팡이에 의해 발병한다.

029

녹병균에 의한 수병은 중간기주를 거쳐야 병이 전염된다. 다음 수종 중 **소나무잎녹병의 중간기주**는?

① 오리나무
② 포플러
③ 황벽나무
④ 사과나무

해 소나무 잎녹병의 중간기주는 **황벽나무, 잔대, 참취** 등이 있다.

030

살충제의 보조제에 대한 설명으로 **틀린** 것은?

① 협력제는 주제(主劑)의 살충력을 증진시키는 약제이다
② 증량제는 주약제의 농도를 높이기 위하여 사용되는 약제이다.
③ 유화제는 유체의 유화성을 높이기 위하여 사용되는 물질이다.
④ 전착제는 해충의 표면에 살포액이 잘 부착하도록 하기 위하여 사용되는 약제이다.

해 증량제는 주약제의 농도를 **낮추기 위해 사용되는 약제**이다.

031

미국흰불나방의 월동 형태는?

① 성충
② 알
③ 유충
④ 번데기

해 미국흰불나방의 월동 형태는 **번데기**이다.

032

마름무늬매미충이 매개하지 **않는** 병은?

① 대추나무빗자루병
② 뽕나무오갈병
③ 오동나무빗자루병
④ 붉나무빗자루병

해 대추나무빗자루병, 뽕나무오갈병, 붉나무빗자루병은 마름무늬매미충이 매개하지만, **오동나무빗자루병은 담배장님노린재가 매개**한다.

033

소나무혹병의 중간기주는?

① 송이풀
② 참취
③ 황벽나무
④ 졸참나무

해 소나무혹병의 중간기주는 **졸참나무**이다.

034

임업적인 방법으로 피해를 예방하는 것은?
① 혼효림 조성
② 페로몬 이용
③ 식물검역 제도
④ 천적방사

해 혼효림의 조성을 통해 해충피해를 예방하는 것은 임업적인 피해 예방법이다.

035

수목의 **가지에 기생**하여 생육을 저해하고 **종자는 새가 옮기는 것**은?
① 바이러스
② 세균
③ 재성충
④ 겨우살이

해 수목의 가지에 기생하여 그 가지의 국부적 이상비대를 유발하며 생육을 저해하는 것은 겨우살이다. 겨우살이의 종자는 새가 섭취한 뒤 배설하거나 섭취와 동시에 뱉어내면 나무에 붙어 싹을 틔운다.

036

다음 중 **잎을 가해하지 않는 해충**은?
① 솔나방
② 미국흰불나방
③ 복숭아 명나방
④ 오리나무잎벌레

해 복숭아명나방은 잎을 가해하지 않고 과실을 가해한다.

037

알에서 부화한 곤충이 유충과 번데기를 거쳐 성충으로 발달하는 과정에서 겪는 **형태적 변화**를 뜻하는 용어는?
① 우화
② 변태
③ 휴면
④ 생식

해 변태에 대한 설명이다. 성장을 위한 몸의 형태가 바뀌는데, 이를 변태(metamorphosis)라고 하며 애벌레에서 번데기를 거쳐 성충이 되는 과정을 우화(emergence)라고 한다.

038

유충과 성충 모두가 나무 잎을 식해하고 성충으로 활동하는 해충은?

① 참나무재주나방
② 오리나무잎벌레
③ 어스렝이나방
④ 잣나무 넓적 잎벌

해 오리나무잎벌레의 유충은 잎 뒷면에서 잎살을 먹다가 성장하면서 나무 전체로 분산하여 식해한다. 월동한 성충은 4월 하순부터 나와 새잎을 잎맥만 남기고 잎살을 먹으며 생활한다. 피해 증상은 7~8월이면 잎이 밑에서부터 빨갛게 변해 멀리서도 눈에 띈다.

암기 TIP! 오리가족은 아이, 어른 할 것 없이 모두 잎을 갉아 먹는다!

039

다음 중 같은 뜻을 가진 용어로 연결된 것은?

① 절대기생체 - 사물영양성
② 비절대기생체 - 반활물영양성
③ 임의기생체 - 조건적부생체
④ 임의부생체 - 조건적기생체

해 ② 비절대기생체는 살아있는 기주와 죽은 기주 외에도 각종 영양배지에서도 번식이 가능한 기생체를 뜻한다. 임의기생체와 임의부생체가 비절대기생체에 속한다. 반활물영양성과 연결된다.

- 절대기생체
  : 살아있는 기주에서만 생장하고 번식하는 것으로 활물영양성과 연결된다.
- 임의기생체
  : 대부분 시간을 죽은 유기물에서 살아가므로 사물영양체(necrotroph)라고 할 수 있지만 어떤 조건에서는 살아 있는 식물을 침해하여 기생성을 나타내는 미생물을 말한다.
- 임의부생체
  : 대부분의 시간 또는 생활사 동안 기생체로 살아가지만 죽은 유기물에서도 부생적으로 살아갈 수 있는 미생물이다. 반활물영양체라고도 한다.

040

1988년 부산에서 처음 발견된 **소나무재선충**에 대한 설명으로 **틀린** 것은?

① 매개충은 솔수염하늘소이다.
② 피해고사목은 벌채 후 매개충의 번식처를 없애기 위하여 임지 외로 반출한다.
③ 소나무재선충은 매개충의 후식 상처를 통하여 수체내로 이동해 들어간다.
④ 매개충의 유충은 자라서 터널 끝에 번데기방(용실, 蛹室)을 만들고 그 안에서 번데기가 된다.

해 피해고사목은 타지역 확산을 막기 위해 임지 외로 반출을 금지한다.

041

4행정 기관과 비교한 2행정 기관의 설명으로 틀린 것은?

① 구조가 간단하다.
② 무게가 가볍다.
③ 오일소비가 적다.
④ 폭발음이 적다.

해 2행정기관은 구조가 간단하고 가벼우며 비교적 폭발음이 적으나(*배기소음은 크다) 연료와 오일을 혼합한 혼합유를 쓰므로 오일소비가 더 많다.

042

체인톱니의 깊이 제한부가 높게 연마되면 어떠한 현상이 발생하는가?

① 작업시간이 짧아진다.
② 기계의 수명에는 하등 관계가 없다.
③ 인체에는 아무런 영향을 주지 않는다.
④ 절삭량이 적어진다.

해 깊이제한부(depth gauge)연마는 절삭깊이를 조절하며 높게 연마 시 절삭 깊이가 얕아져 절삭량이 적어지고, 낮게 연마 시 톱날에 심한 부하가 걸려 안내판과 톱날의 수명이 단축된다. 깊이제한부가 너무 낮게 연마 시 톱밥이 굵고 길게 나오며, 깊이제한부가 너무 높으면 가루가 많이 발생한다.

043

내연기관의 **동력전달장치가 아닌** 것은?

① 커넥팅로드(connecting rod)
② 플라이휠(fly wheel)
③ 크랭크축(crankshaft)
④ 밸브개폐장치

해 밸브개폐장치는 엔진의 혼합기 흡입, 배출과 관련된 장치로 동력전달장치가 아니다.

044

플라스틱 수라에 대한 설명으로 **틀린** 것은?

① 플라스틱 수라에 최소 종단경사는 15~20%가 되어야 한다.
② 집재지 가까이에서의 경사는 30% 이내가 안전하다.
③ 수라를 설치하기 위한 첫 단계로 집재선을 표시한다.
④ 수라 설치 시 집재선 양쪽 옆의 나무나, 잘린나무 그루터기에 로프를 이용하여 팽팽하게 잡아 당겨 잘 묶어 놓는다.

해 집재지 가까이에서는 수라의 각도는 수평으로 해야한다.

045

가선집재 장비 중 Koller K-300의 상향 최대 집재거리로 옳은 것은?

① 300m
② 400m
③ 500m
④ 600m

해 Koller K300는 오스트리아 Koller사에서 제작한 트랙터부착형 타워야더로 트럭탑재형 타워야더보다 기동성면에서 기동성이 떨어진다고 할 수 있으나, 우리나라 작업여건에는 트럭탑재형보다 오히려 편리하게 쓸 수 있는 장점도 가지고 있다. **임도 또는 작업로변에서 300m까지 집재가 가능하다.**

046

나무를 벌목할 때 사용하는 **도구만**을 나열한 것은?

① 보육낫, 쐐기, 목재돌림대, 지렛대
② **쐐기, 목재돌림대, 지렛대, 도끼, 사피**
③ 목재돌림대, 지렛대, 도끼, 가지치기톱
④ 지렛대, 도끼, 재래식괭이, 손톱

해 벌목도구로는 **쐐기, 목재돌림대, 지렛대, 도끼, 사피, 갈고리, 톱, 체인톱** 등의 도구와 장비가 이용된다. **보육낫(무육용), 가지치기톱 및 손톱(가지치기용), 재래식괭이(식재용)는 벌목용도구가 아니다.**

047

일반적으로 **예불기는 연료를 시간당 몇 리터(L)를 소모**되는 것으로 보고 준비하는 것이 좋은가?

① 0.5L
② 2L
③ 5L
④ 10L

해 예불기의 연료소모량은 일반적으로 **시간당 0.5리터**로 본다.

048

벌목한 나무를 **체인톱으로 가지치기** 시 유의사항으로 **틀린** 것은?

① 안내판이 짧은 경체인톱을 사용한다.
② **작업자는 벌목한 나무와 최대한 멀리 떨어져 작업한다.**
③ 안전한 자세로 서서 작업한다.
④ 체인톱은 자연스럽게 움직여야 한다.

🗝 **작업자가 벌목한 나무와 멀리 떨어질 시 자세가 불안정해져 위험하므로** 안정된 자세로 전진하면서 작업한다.

049

다음 그림은 체인톱의 각 부분의 구조이다. 번호 ④ **스파이크(지레발톱)에 대한 설명**이 올바른 것은?

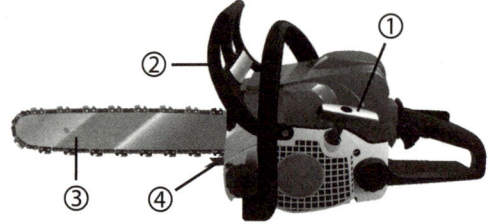

① 벌도목 가지치기 시 균형을 잡아준다.
② 기계톱을 조종하는 앞손잡이다.
③ 나무를 절삭하며, 보통 안전용 체인덮개로 보호한다.
④ **정확히 작업을 할 수 있도록 지지역할 및 완충과 받침대 역할을 한다.**

🗝 스파이크(지레발톱)의 역할은 벌목할 나무에 찍어 박아 **지렛대 역할 및 완충과 튕김방지, 받침대 역할**을 한다.

050

기계톱 **일일정비**의 대상이 **아닌** 것은?

① 에어필터(공기청정기) 청소
② 안내판 손질
③ 휘발유와 오일의 혼합
④ **스파크플러그 전극 간격 조정**

🗝 ④ 스파크플러그 전극 간격 조정은 **주간정비 대상**이다.

051

예불기 작업 시 **유의사항으로 틀린** 것은?

① 작업 전에 기계의 가동점검을 실시한다.
② 발끝에 톱날이 접촉되지 않도록 한다.
③ 주변에 사람이 있는지 확인하고 엔진을 시동한다.
④ 작업원간 상호 3m 이상 떨어져 작업한다.

해 작업원간 상호 안전 이격거리는 10m 이상이다.

052

체인톱의 일상점검 내용이 **아닌** 것은?

① 나사류의 느슨함, 외관상태 점검·수리
② 적정한 체인오일 토출량 확인
③ **점화플러그 전극의 간격 조정**
④ 체인의 장력조절

해 점화플러그 전극의 간격 조정은 **주간정비 대상**이다.

053

트랙터의 주행 장치에 의한 분류 중 **크롤러 바퀴의 장점**이 **아닌** 것은?

① 견인력이 크고 접지면적이 커서 연약지반, 험한 지형에서도 주행성이 양호하다.
② **무게가 가볍고 고속주행이 가능하여 기동성이 있다.**
③ 회전반지름이 작다.
④ 중심이 낮아 경사지에서의 작업성과 등판력이 우수하다.

해 무게가 가볍고 고속주행이 가능하여 기동성이 있는 것은 타이어식(휠형)이며 크롤러형은 무한궤도 트랙을 이용하여 주행하는 방식으로 무게가 무겁고 고속주행이 불가능하다.

054

산림 작업도구의 **능률**에 대한 설명으로 **틀린** 것은?

① 자루의 길이는 적당히 길수록 힘이 세어진다.
② **도구날의 끝각도가 작을수록 나무가 잘 빠개진다.**
③ 도구는 적당한 무게를 가져야 힘이 세어진다.
④ 자루가 너무 길면 정확한 작업이 어렵다.

해 도구날의 끝각도는 **적당히 크고 날카로워야** 나무가 잘 빠개진다.

055

우리나라의 **임업기계화** 작업을 위한 **제약인자가 아닌** 것은?

① 험준한 지형조건

② **풍부한 전문기능인**

③ 기계화 사업의 경험부족

④ 영세한 경영규모

해 **풍부한 전문기능인은 임업기계화에 유리한 조건**이지 제약인자가 아니다.

056

2행정 내연기관에서 **연료에 오일을 첨가**시키는 가장 큰 이유는?

① 정화를 쉽게 하기 위하여

② **엔진 내부에 윤활작용을 시키기 위하여**

③ 엔진 회전을 저속으로 하기 위하여

④ 체인의 마모를 줄이기 위하여

해 2행정 내연기관에서 연료에 오일을 첨가시키는 가장 큰 이유는 **엔진 내부 윤활작용**이다.

057

구입비가 30,000,000원인 트랙터의 **매년 일정액의 감가상각비**를 구하면? (단, 잔존가격은 취득원가의 10%이고 상각율은 0.2이며, 정액법을 이용하여 계산한다.)

① 1,000,000원

② 2,500,000원

③ 4,500,000원

④ **5,400,000원**

해 **정액법**은 감가상각에 대해 매년 같은 금액의 감가상각비를 반영하는 방법이다. 구입가에서 잔존가격을 뺀 다음 상각율을 곱하고 내용연수로 나누어 구한다.

(구입가격 - 잔존가격) X 상각률 / 내용연수

= (30,000,000원 - 3,000,000원) X 0.2 / 1

= 5,400,000원

058

다음 설명에 해당하는 임업기계는?

> ▶ 벌도, 가지치기, 작동, 집적의 4가지 기능 가운데 최소 벌도, 가지치기 기능을 가진 기계의 총칭이며, 특히 벌도, 칩핑 기능을 가진 기계도 포함된다.
> ▶ 작동용 절단장치는 Single Grip형과 Two Grip형이 있다.

① 펠러번처
② 프로세서
③ 포워더
④ 하베스터

해 하베스터에 대한 설명으로 벌목과 조제작업을 한 공정으로 수행할 수 있는 다공정처리 임업장비이다.

059

벌목 중 나무에 걸린 나무의 방향전환이나 벌도목을 돌릴 때 사용되는 작업 도구는?

① 쐐기
② 식혈봉
③ 박피삽
④ 지렛대

해 지렛대는 나무에 걸린 나무의 방향전환이나 벌도목을 돌릴 때 사용된다.

060

기계톱의 연료 배합 시 휘발유 20L에 필요한 엔진오일의 양은?

① 0.2L
② 0.4L
③ 0.6L
④ 0.8

해 기계톱의 연료배합 시 휘발유 : 엔진오일의 비율은
25 : 1 이므로
25 : 1 = 20 : X
25 X = 20
X = 20 / 25 = 0.8L

2026 유튜버 파이팅혼공TV

산림기능사
― 빈출 모의고사 5회분 ―

최신 CBT 빈출 복원문제들을 엄선하여 구성한
최종 실전 모의고사 5회분입니다.
최대한 빠르게 **키워드**를 찾아 풀어보시고,
문제와 답을 연결시켜 **암기**하는 방식으로 공부하십시오.

[유튜브 검색창에 "산림기능사 빈출모의고사"로 검색하세요.]

혼자 공부하시기 벅차시다면
유튜브 [파이팅혼공TV]의 산림기능사 빈출모의고사 풀이영상을 들으시면서
혼공쌤과 같이 풀어보시는 것을 추천드립니다.

빈출 모의고사

001

숲의 작업종 중 모수작업에 의하여 조성되는 후계림은 어떤 형태인가?
① 이령림
② 노령림
③ 동령림
④ 다층림

해 모수작업은 모수로 쓰일 일부분만을 남겨두고 성숙한 임목 대부분을 한꺼번에 벌채하는 방식, 1ha 당 30~50본의 모수(어미나무)를 남겨 천연하종을 통해 갱신되므로 나이가 같은 동령림의 후계림이 조성된다.

002

종자를 채취하여 즉시 파종하여야 하는 것은?
① 소나무
② 일본잎갈나무
③ 칠엽수
④ 포플러류

해 포플러류, 회양목, 복자기나무 등은 시간이 경과함에 따라 송자의 발아력이 상실되므로 채취 후 즉시 파종한다.

003

다음 수종 중 암수가 딴 그루인 것은?
① 은행나무
② 삼나무
③ 신갈나무
④ 소나무

해 은행나무는 암수딴그루(자웅이주 雌雄異株)다. 삼나무, 신갈나무, 소나무류, 참나무, 오리나무 등은 암수한그루(자웅동주 雌雄同株)이며 은행나무, 포플러, 주목, 생강나무, 식나무, 무궁화, 벚나무 등은 암수딴그루다.

| 001 | ③ | 002 | ④ | 003 | ① |

004

모수작업에 관한 설명으로 옳지 않은 것은?
① 갱신에 필요한 종자공급보다 갱신된 어린 나무의 보호를 위한 작업이다.
② 남겨질 모수는 전체나무의 수에 비해 극히 적은 일부에 지나지 않는다.
③ 모수는 결실이 양호한 성숙목을 선정한다.
④ 양수의 갱신에 적합하다.

해 모수작업은 성숙한 임분 중에 어미나무(모수)로 사용될 결실이 양호한 극히 일부의 임목만을 남겨두고 모두 벌채하는 방식으로 남겨진 모수에서 떨어진 종자를 통해 천연갱신되므로 후계림은 동령림이 된다. 양수 수종의 갱신에 적합하다. 종자공급을 위한 모수만 남기고 모두 벌채되므로 어린나무 보호와는 관련이 없다.

005

종자의 성숙기가 6~7월인 수종은?
① 소나무
② 층층나무
③ 자작나무
④ 벚나무

해 종자의 성숙기가 6~7월인 수종에는 벚나무, 회양목 등이 있으며 일반적으로 종자의 성숙과 채종이 이루어지는 시기는 9~10월경이다.

006

다음 중 조림지의 풀베기를 실시하는 시기로 가장 적합한 것은?
① 3~5월
② 6~8월
③ 9~11월
④ 12~2월

해 조림지의 풀베기는 보통 6~8월에 실시하며, 9월 이후에는 실시하지 않는다.

007

조림지의 숲 가꾸기 순서로 옳은 것은?
① 풀베기 → 제벌 → 간벌
② 풀베기 → 간벌 → 제벌
③ 제벌 → 풀베기 → 간벌
④ 제벌 → 간벌 → 풀베기

해 풀베기 - 제벌(유령림 무육단계에서 육성대상 수목의 생육을 방해하는 다른 수종을 잘라내는 잡목 솎아내기를 말한다.) - 간벌(제벌 후 성숙림 단계에서 수목간 경쟁완화와 지름생장 촉진을 위한 공간 확보를 위한 솎아베기를 말한다.)

암기 TIP! 풀덩제가간 : 무육작업순서
= **풀**베기 - **덩**굴치기 - **제**벌 - **가**지치기 - **간**벌

004 ① 005 ④ 006 ② 007 ① 008 ④ 009 ② 010 ④ 011 ③

008

다음 중 우량묘의 조건으로 틀린 것은?

① 발육이 왕성하고 신초의 발달이 양호한 것
② 우량한 유전성을 지닌 것
③ 측근과 세근이 잘 발달된 것
④ 침엽수종의 묘에 있어서는 줄기가 곧고 측아가 정아보다 우세한 것

해 침엽수종에서 우량묘는 보통 겨울눈인 정아가 우세하며 곧게 자란 것을 말하며, 측아가 정아보다 우세하다는 것은 주로 활엽수가 그늘이나 장애물을 피해 무한생장할 때 나타난다.

009

리기다소나무 1년생 묘목의 곤포당 본수는?

① 1000본
② 2000본
③ 3000본
④ 4000본

해
- 리기다소나무 1년생 묘목의 곤포당 본수는 2000본이다.(2년생의 경우에는 1000본)
- 1년생 호두나무와 낙엽송은 곤포당 본수는 500본

010

일정한 면적에 직사각형 식재를 할 때, 묘목수의 계산은?

① 조림지면적 / 묘간거리
② 조림지면적 / 묘간거리^2
③ 조림지면적 / (묘간거리^2 × 0.866)
④ 조림지면적 / (묘간거리 × 줄사이거리)

해 직사각형(장방형)식재의 묘목본수 계산식은 ④번이다.
- 소요묘목 수
  = 조림지면적 / (묘간거리 × 줄 사이의 거리)

011

우량묘목의 구비조건으로 적합하지 않은 것은?

① 조직이나 눈 또는 잎이 충실할 것
② 줄기, 가지, 잎이 정상적으로 자랄 것
③ 직근이 측근 또는 잔뿌리의 발생보다 양호할 것
④ 웃자라지 않을 것

해 ③ 직근은 짧되 측근 또는 잔뿌리(세근)의 발생이 양호해 활착에 유리해야 우량묘목이라 할 수 있다.

012

상층수관을 강하게 벌채하고 3급목을 남겨서 수간과 임상이 직사광선을 받지 않도록 하는 간벌 형식은?

① A종 간벌
② B종 간벌
③ C종 간벌
④ D종 간벌

하층 간벌	A종	[하층약도간벌] 4급, 5급목만 전부 벌채하고 주요 임목은 손대지 않음 데라사키식 간벌에 있어 간벌량이 가장 적은 간벌방식
	B종	[하층중도간벌] 4급, 5급목 전부를 벌채, 3급목 일부와 2급목 상당수 벌채 가장 널리 이용되는 방법으로 3급목이 임분의 주요 구성인자가 되고 1급목이 비교적 적은 곳에서 적용
	C종	[하층강도간벌] 2급, 4급, 5급목의 전부를 벌채, 3급목 대부분과 1급목 일부를 벌채하는 간벌량이 가장 많은 하층간벌방식
상층 간벌	D종	[상층약도간벌] 상층수관을 강하게 벌채하고 3급목을 남겨서 수간과 임상이 직사광선을 받지 않도록 하는 간벌 형식
	E종	[상층강도간벌] 1급목 일부만 자른다. 2급목 모두 자른다. 3급목, 4급목은 자르지 않는다.

013

치수 무육(어린나무 가꾸기)작업의 가장 큰 목적은?

① 목재를 생산하여 수익을 얻기 위함이다.
② 숲을 보기 좋게 하기 위함이다.
③ 산불 피해를 줄이기 위함이다.
④ 불량목을 제거하여 치수의 생육공간을 충분히 제공하기 위함이다.

해 치수 무육(어린나무 가꾸기)는 제벌을 의미한다. 제벌의 가장 큰 목적은 불량목을 제거하여 치수의 생육공간을 충분히 제공하기 위함이다. 여러가지 용어를 혼용하여 쓰는데 유의하자.

014

다음 중 무배유종자는?

① 밤나무
② 물푸레나무
③ 소나무
④ 잎갈나무

해 • 밤나무는 무배유종자다.
• 무배유종자는 양분이 자엽에 저장되어 있고 씨젖 조직이 없다. 밤나무, 호두나무, 벽오동, 자작나무, 단풍나무, 참나무 등이다. 반면에 배유종자는 배유에 양분이 저장된다. 배와 배유 두 부분으로 되어있고, 배에는 잎, 생장점, 줄기, 뿌리 등의 어린 조직이 모두 포함되어 있다.
• 자엽이란 종자식물에서 배의 발육기에 맨처음 마디에 생기는 잎으로 움이 틀 때 처음 나오는 싹(떡잎)을 말한다.

015

다음 설명에 해당하는 벌채 방법은?

> 숲을 띠모양으로 나누고 순차적으로 개벌해 나가면서 갱신을 끝내는 방법으로 이때, 띠모양의 구역을 교대로 벌채하여 두 번 만에 모두 개벌하는 것

① 연속대상개벌작업
② 군상개벌작업
③ 대상택벌작업
④ 교호대상개벌작업

해 "순차적", "띠모양", "교대로 벌채"가 키워드인 벌채방법은 교호대상개벌작업이다.

016

소나무, 해송과 같은 양수의 수종에 적용되는 풀베기의 방법은?

① 전면깎기
② 줄깎기
③ 둘레깎기
④ 점깎기

해 소나무, 해송, 낙엽송, 편백과 같은 양수 수종에 적용되는 풀베기는 전면깎기(모두베기)이다.

017

벌채구를 구분하여 순차적으로 벌채하여 일정한 주기에 의해 갱신작업이 되풀이되는 것을 무엇이라 하는가?

① 윤벌기
② 회귀년
③ 간벌기간
④ 벌채시기

해 순환택벌은 택벌림 내에서 몇 개의 벌채구를 구분하여 순차적으로 벌채하여 일정한 주기를 가지고 택벌을 되풀이하는데 이 기간을 회귀년이라 한다. 처음 택벌구에 벌채한 후 다시 그 택벌구를 벌채하는데 소요되는 기간이다.

018

일반적인 침엽수종에 대한 묘포의 가장 적당한 토양 산도는?

① pH 3.0~4.0
② pH 4.0~5.0
③ pH 5.0~6.5
④ pH 6.5~7.5

해 일반적인 침엽수종 묘포의 적당한 토양산도는 pH5.0 ~6.5이다.

019

가지치기의 목적으로 가장 적합한 것은?

① 경제성 높은 목재 생산
② 연료림 조성
③ 맹아력 증진
④ 산불 예방

해 가지치기는 경제성이 높은 우량한 목재 생산을 목적으로 가지를 계획적으로 절단하는 것을 말한다.

020

종자의 저장방법으로 옳지 않은 것은?

① 건조저장
② 저온저장
③ 냉동저장
④ 노천매장

해 산림기능사 시험에서 제시하는 올바른 종자의 저장방법은 건조저장, 저온저장, 노천매장, 보호저장법 등이 있으며 냉동저장은 해당하지 않는다.(실제 종자의 장기간 보관을 위해 냉동보관을 이용하지만 기출문제의 정답은 ③번이다.)

021

간벌에 관한 설명으로 옳지 않은 것은?

① 솎아베기라고도 한다.
② 임관을 울폐시켜 각종 재해에 대비하고자 한다.
③ 조림목의 생육공간 및 임분구성 조절이 목적이다.
④ 임분의 수직구조 및 안정화를 도모한다.

해 간벌(솎아베기)이란 어린나무 가꾸기나 천연림 보육작업 등의 잡목 솎아베기 작업이 끝난 후부터 최종 수확 때까지 숲을 가꾸는 작업을 말한다. 간벌의 목적은 조림목의 생육공간 및 임분구성 조절로 임분의 수직구조 및 안정화를 도모하는 것이다. 간벌을 하지 않을 경우 임관을 울폐화시켜 입사광을 줄이게 되므로 산림의 생산성과 안정성이 높은 적정 밀도의 건전한 산림으로 유도하기 위해서는 간벌이 필요하다.

022

일반적으로 가지치기 작업 시에 자르지 말아야 할 가지의 최소 지름의 기준은?

① 5㎝
② 10㎝
③ 15㎝
④ 20㎝

해 5cm 이상의 가지를 자를 경우 상처의 유합이 잘 되지 않고 썩기 쉽다.

023

일반적으로 밑깎기 작업에 적당한 계절은?
① 봄
② 여름
③ 가을
④ 겨울

해 풀베기=제초=하예작업=밑깎기 모두 같은 뜻으로 쓰이는 용어다. 밑깎기 작업은 보통 6~8월 여름에 실시한다.

024

묘포의 입지를 선정할 때 고려해야 할 요건별 최적조건으로 짝지은 것으로 옳지 않은 것은?
① 경사도 : 3~5°
② 토양 : 질땅
③ 방위 : 남향
④ 교통 : 편리

해 묘포 입지선정 시 질퍽한 점토보다는 사질양토가 적합하다.

025

다음 중 조파에 의한 파종으로 가장 적합한 수종은?
① 회양목
② 가래나무
③ 오리나무
④ 아까시나무

해 조파(줄뿌림 條播)는 뿌림골을 만들어 종자를 줄지어 뿌리는 방법으로 아까시나무, 살구나무, 느티나무, 물푸레나무, 들메나무 등의 파종에 쓰인다. 점파(점뿌림 點播)는 일정한 간격을 두고 종자를 띄엄띄엄 뿌리는 방법으로 대립종자인 밤나무, 호두나무, 상수리나무, 은행나무 등의 파종에 쓰이며 산파(흩어뿌림, 散播)는 묘상 전면에 종자를 고르게 흩어 뿌리는 방법으로 세립종자인 오리나무류, 소나무류, 낙엽송, 자작나무류의 파종에 쓰인다.

026

농약 주성분의 농도를 낮추기 위하여 사용하는 보조제는?
① 전착제
② 유화제
③ 증량제
④ 협력제

해 농약 주성분의 농도를 희석하여 낮추거나 약효를 증진시키기 위해 사용하는 보조제는 증량제이다.

027

소나무 혹병의 중간기주는?

① 낙엽송
② 송이풀
③ 졸참나무
④ 까치밥나무

해 소나무 혹병의 중간기주는 졸참나무이다. 낙엽송은 포플러잎녹병, 송이풀과 까치밥나무는 잣나무털녹병의 중간기주다.

028

유관속 시들음병의 기주 및 전파경로로 짝지어진 것으로 옳지 않은 것은?

① 흑변뿌리병 - 나무좀
② 감나무 시들음병 - 뿌리
③ 느릅나무시들음병 - 나무좀
④ 참나무 시들음병 - 광릉긴나무좀

해 감나무 시들음병은 특정 제초제의 사용 혹은 매개충에 의해 발병한다.

029

사과나무 및 배나무 등의 잎을 가해하고 성충의 날개 가루나 유충의 털이 사람의 피부에 묻으면 심한 통증과 피부염을 유발하는 해충은?

① 독나방
② 박쥐나방
③ 미국흰불나방
④ 어스랭이나방

해 독나방은 주광성 해충으로 사과나무, 배나무 등의 잎을 가해하고 독이 있는 날개가루, 털이 피부에 닿으면 심한 통증과 피부염을 유발한다.

030

해충저항성이 발생하지 않고 해충을 선별적으로 방제할 수 있는 방법은?

① 생물적 방제법
② 물리적 방제법
③ 임업적 방제법
④ 기계적 방제법

해 생물적 방제법은 천적을 이용하여 해충저항성이 발생하지 않고 선별적으로 방제할 수 있다.

031

해충의 월동 상태가 옳지 않은 것은?

① 대벌레 : 성충
② 천막벌레나방 : 알
③ 어스렝이나방 : 알
④ 참나무재주나방 : 번데기

해 대벌레, 천막벌레나방, 어스렝이나방 등은 알로 월동한다.

032

어린 묘목을 재배하는 양묘장에서 겨울철에 저온의 피해를 막기 위하여 주풍방향에 나무를 심어 바람을 막아주는 것을 무엇이라 하는가?

① 방풍림
② 방조림
③ 보안림
④ 채종림

해 저온피해를 막기 위해 나무를 심어 바람을 막아주는 방풍림에 대한 설명이다.

033

참나무 시들음병을 매개하는 광릉긴나무좀을 구제하는 가장 효율적인 방제법은?

① 피해목 약제 수간주사
② 피해목 약제 수관살포
③ 피해 임지 약제 지면처리
④ 피해목 벌목 후 벌목재 살충 및 살균제 훈증처리

해 광릉긴나무좀은 피해목 벌목 후 벌목재 살충 및 살균제 훈증처리로 구제하는 것이 가장 효율적이다.

034

다음 중 방화림 조성용으로 가장 적합한 수종은?

① 편백
② 산나무
③ 소나무
④ 가문비나무

해 방화림 조성용으로는 가문비나무, 낙엽송, 은행나무, 개비자나무 등 내화력이 강한 침엽수종이 적합하다.

035

수목의 주요 병원체가 균류에 의한 병은?

① 뽕나무오갈병
② 잣나무털녹병
③ 소나무재선충병
④ 대추나무빗자루병

해 잣나무털녹병은 담자균에 의해 발병하며, 뽕나무오갈병, 대추나무빗자병은 파이토플라스마, 소나무재선충병은 선충에 의한 병이다.

036

나무줄기에 뜨거운 직사광선을 쬐면 나무껍질의 일부에 급속한 수분 증발이 일어나거나 형성층 조직이 파괴되고, 그 부분의 껍질이 말라죽는 피해를 받기 쉬운 수종으로 짝지어진 것은?

① 소나무, 해송, 측백나무
② 참나무류, 낙엽송, 자작나무
③ 황벽나무, 굴참나무, 은행나무
④ 오동나무, 호두나무, 가문비나무

해 피소(볕데기) 피해에 대한 설명으로 오동나무, 호두나무, 가문비나무 등이 피해를 받기 쉽다.

037

뛰어난 번식력으로 인하여 수목 피해를 가장 많이 끼치는 동물로 올바르게 짝지은 것은?

① 사슴, 노루
② 곰, 호랑이
③ 산토끼, 들쥐
④ 산까치, 박새

해 산토끼, 들쥐 등 소형동물은 뛰어난 번식력으로 수목에 피해를 가장 많이 끼친다.

038

다음 중 바이러스에 의하여 발생되는 수목 병해로 옳은 것은?

① 청변병
② 불마름병
③ 뿌리혹병
④ 모자이크병

해 바이러스에 의한 주요 병징은 잎에 짙고 옅은 녹색이 섞여 얼룩 모자이크 무늬를 나타나는 것이다.

039

살충제 중 유제(乳劑)에 대한 설명으로 옳지 않은 것은?

① 수화제에 비하여 살포용 약액조제가 편리하다.
② 포장, 우송, 보관이 용이하며 경비가 저렴하다.
③ 일반적으로 수화제나 다른 제형보다 약효가 우수하다.
④ 살충제의 주제를 용제에 녹여 계면활성제를 유화제로 첨가하여 만든다.

해 유제형 살충제는 주제를 용제에 녹여 유화제를 첨가하여 제조한 것으로 수화제에 비하여 살포용 약액조제가 편리할 뿐만 아니라 일반적으로 수화제나 다른 제형보다 약효가 우수한 장점이 있다. 하지만 부주의로 약액이 직접 피부에 묻게 되면 약제에 따라서는 부작용이 따를 수도 있으므로 취급 및 보관에 유의한다. 포장, 우송, 보관이 용이하며 경비가 저렴한 특징을 가진 살충제 형태는 수화제다.

040

다음 해충 중 주로 수목의 잎을 가해하는 것으로 옳지 않은 것은?

① 어스렝이나방
② 솔알락명나방
③ 천막벌레나방
④ 솔노랑잎벌

해 어스렝이나방, 천막벌레나방, 솔노랑잎벌은 주로 잎을 가해하나, 솔알락명나방은 잣나무 수확기인 2년생 잣송이 구과 표면에 산란하고 부화한 유충이 구과 속으로 파고 들어가 가해한다.

041

산림작업에 사용하는 식재도구로 옳지 않은 것은?

① 재래식 삽
② 재래식 낫
③ 재래식 괭이
④ 각식재용 양날괭이

해 재래식 낫은 무육용(풀베기) 도구이다.

042

벌목조재 작업 시 다른 나무에 걸린 벌채목의 처리로 옳지 않은 것은?

① 지렛대를 이용하여 넘긴다.
② 걸린 나무를 흔들어 넘긴다.
③ 걸려있는 나무를 토막 내어 넘긴다.
④ 소형견인기나 로프를 이용하여 넘긴다.

해 다른 나무에 걸린 벌채목의 처리할 때는 지렛대나 소형견인기, 로프 등을 이용하여 넘기거나 걸린 나무를 흔들어 넘긴다.

043

다음 중 산림무육도구가 아닌 것은?

① 스위스 무육낫
② 가지치기톱
③ 양날괭이
④ 전정가위

해 무육낫, 가지치기톱, 전정가위 등은 무육용 도구이며 양날괭이를 비롯한 괭이류, 삽 등은 나무를 심을 때, 즉 조림(식재)용 도구이다.

044

다음 일반적인 산림무육 목적의 설명 중 가장 거리가 먼 것은?

① 임상의 정리
② 임목의 생장촉진
③ 나무의 형질향상
④ 병해충방지

해 병충해 방지는 일반적인 산림무육의 목적에 해당하지 않는다.

045

초보자가 사용하기 편리하고 모래 등이 많이 박힌 도로변 가로수 정리용으로 적합한 체인톱 톱날의 종류는?

① 끌형 톱날
② 대패형 톱날
③ 반끌형 톱날
④ L형 톱날

해 초보자가 사용하기 편리하고 가로수 정리용으로 적합한 체인톱날은 대패형 톱날이다.

046

다음에 해당하는 톱으로 옳은 것은?

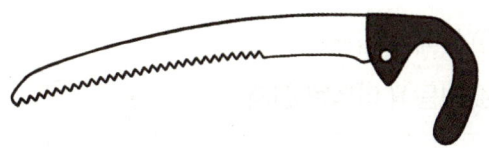

① 제재용 톱
② 무육용 이리톱
③ 벌도작업용 톱
④ 조재작업용 톱

해 그림은 손잡이가 구부러진 모양이 특징인 무육용 이리톱이다. 무육용날과 가지치기날이 같이 있어 유령림의 무육작업에 적합하다.

047

대패형 톱날의 창날각도로 가장 적당한 것은?
① 30도
② 35도
③ 60도
④ 80도

해 **대**패형톱날 **창**날각 **35**도, **가**슴각 **90**도, **지**붕각 **6**0도

암기 TIP! 대창삼오 가구지륙

048

체인톱 엔진 회전수를 조정할 수 있는 장치는?
① 에어휠터
② 스프라켓
③ 스로틀레버
④ 스파크플러그

해 체인톱의 엔진 회전수는 스로틀레버로 조절한다. 스로틀레버를 통해 실린더로 흡입되는 혼합기의 양을 조절하여 엔진 회전수(출력)를 조절할 수 있다.

049

임업용 트랙터를 사용하는데 있어 집재목과 트랙터간의 허용각도와 안전각도로 옳은 것은?

① 허용각도 = 최대 15°, 안전각도 = 0~10°
② 허용각도 = 최대 30°, 안전각도 = 0~30°
③ 허용각도 = 최대 35°, 안전각도 = 0~40°
④ 허용각도 = 최대 90°, 안전각도 = 0~45°

해 집재목과 트랙터간의 허용각도는 최대 15도로 허용각도 초과시 전도 등의 위험이 있다. 일반적으로 안전각도 0~10도 범위 내에서 작업한다.

050

외기온도에 따른 윤활유 점액도로 올바르게 짝지은 것은?

① +30℃ ~ +60℃ : SAE 30
② +10℃ ~ +30℃ : SAE 10
③ -60℃ ~ -30℃ : SAE 30W
④ -25℃ ~ 15℃ : SAE 20W

해 자료에 따라 온도범위가 조금씩 다르므로 우리나라 봄, 여름, 가을철에는 온도범위 영하 5도에서 영상 35도인 SAE30을 기준으로, 겨울철에는 점도가 작은 영하 30도까지 성능을 발휘하는 SAE 10W을 기준으로 생각한다. SAE 20W는 영하 25도에서 영상15도 범위에서 사용 가능하다.

051

산림작업 안전사고 예방수칙으로 옳지 않은 것은?
① 몸 전체를 고르게 움직이며 작업할 것
② 긴장하지 말고 부드럽게 작업에 임할 것
③ 작업복은 작업종과 일기에 따라 착용할 것
④ 안전사고 예방을 위하여 가능한 혼자 작업할 것

해 안전사고 예방을 위해 2인이상 1조로 팀을 구성하여 작업한다.

052

다음 중 가선 집재기계로 옳지 않은 것은?
① 하베스터
② 자주식 반송기
③ 썰매식 집재기
④ 이동식 타워형 집재기

해 하베스터는 대표적인 다공정 처리기계로 벌도, 가지치기, 조재목 다듬질, 토막내기 작업을 모두 수행할 수 있는 장비이다.

053

기계톱 운전, 작업 시 유의사항으로 옳지 않은 것은?
① 벌목 가동 중 톱을 빼낼 때는 톱을 비틀어서 빼낸다.
② 절단작업 시 충분히 스로틀레버를 잡아 주어야 한다.
③ 안내판의 끝 부분으로 작업하지 않는다.
④ 이동시는 반드시 엔진을 정지한다.

해 기계톱 가동 중 톱이 끼었을 때는 무리하게 비틀어 빼내려 하면 위험하므로 시동을 정지시키고 나무가지를 들어올린 상태에서 엔진톱을 당겨 빼낸다. 필요에 따라 끼어있는 기계톱에서 최소 30cm 떨어진 부분을 일반톱 또는 여분의 기계톱을 사용하여 절단한다. 이 때 항상 나무가지의 끝부분 쪽에서 실시한다.

054

4행정 엔진의 작동순서로 옳은 것은?

① 흡입 → 폭발 → 배기 → 압축
② 압축 → 흡입 → 배기 → 폭발
③ 폭발 → 압축 → 배기 → 흡입
④ 흡입 → 압축 → 폭발 → 배기

해 4행정 엔진의 작동순서는
흡입 → **압**축 → **폭**발(**동**력) → **배**기
암기 TIP! 흡압뚱배

055

체인톱에 사용하는 연료로 휘발유와 윤활유를 혼합할 때 일반적으로 사용하는 비율(휘발유 : 윤활유)로 가장 적당한 것은?

① 5 : 1
② 15 : 1
③ 25 : 1
④ 35 : 1

056

어깨걸이식 예불기를 메고 바른 자세로서 손을 떼었을 때 지상으로부터 날까지의 가장 적절한 높이는 몇 cm 정도인가?

① 5 ~ 10
② 10 ~ 20
③ 20 ~ 30
④ 30 ~ 40

해 예불기 작업 시 안전을 위한 지면으로부터의 날까지의 적절한 높이는 10~20cm 이다.

057

기계톱 체인에 오일이 적게 공급될 때 예상되는 고장 원인으로 옳지 않은 것은?

① 기화기내의 연료체가 막혀 있다.
② 흡수호수 또는 전기도선에 결함이 있다.
③ 흡입 통풍관의 필터가 작동하지 않는다.
④ 오일펌프가 잘못되어 공기가 들어가 있다.

해 기계톱 체인에 윤활을 위한 오일공급이 부족하다면 윤활유 공급계통의 문제로 오일펌프에 공기혼입, 흡수호수 또는 전기도선 결함, 흡입 통풍관 필터 작동불량 등이 원인이다. 기화기내 연료체 막힘은 엔진자체가 시동되지 않는 원인이다.

058

동력가지치기톱 사용에 대한 설명으로 옳지 않은 것은?

① 작업 진행순서는 나무 아래에서 위로 향한다.
② 큰가지는 반드시 아래쪽에 1/3정도 베고 위에서 아래로 향한다.
③ 작업자와 가지치기봉과의 각도는 약 70도 정도를 유지해야 한다.
④ 큰가지나 긴가지는 가능한 톱날이 끼지 않도록 3단계 정도로 나누어 자른다.

해 동력가지치기톱은 동력지타기라고도 부르며, 수목의 줄기를 나선형으로 돌아 위에서 내려오면서 장착된 체인톱에 의해 가지치기를 진행한다.

059

1PS에 대한 설명으로 옳은 것은?

① 45kg를 1초에 1m 들어 올린다.
② 55kg를 1초에 1m 들어 올린다.
③ 65kg를 1초에 1m 들어 올린다.
④ 75kg를 1초에 1m 들어 올린다.

해 1PS는 75kg의 무게를 1초동안에 1m 들어 올리는 힘을 뜻한다.
1PS = 75kgf·m/s = 0.735kW

060

플라스틱 수라의 속도 조절 장치를 설치하는 종단 경사로 가장 적당한 것은?

① 20 ~ 30%
② 30 ~ 40%
③ 40 ~ 50%
④ 50 ~ 60%

해 플라스틱 수라(운반미끄럼틀)의 최소경사도는 15 ~ 25%, 최대 종단경사도는 안전을 고려하여 50 ~ 60% 정도로 설치한다.

빈출 모의고사

001

우량한 종자의 채집을 목적으로 지정한 숲은?
① 산지림
② 채종림
③ 종자림
④ 우량림

해 유전적으로 우량한 종자의 채집을 목적으로 지정한, 우수한 형질목을 다량 보유한 천연림이나 인공림을 채종림이라 한다.

002

산림갱신을 위하여 대상지의 모든 나무를 일시에 베어내는 작업법은?
① 개벌작업
② 산벌작업
③ 모수작업
④ 택벌작업

해 산림갱신을 위해 대상지의 모든 나무를 일시에 베어내고, 인공식재나 천연갱신을 통해 후계림을 조성하는 작업법을 모두 "개(皆)"자를 써서 개벌이라 한다.

003

다음이 설명하고 있는 줄기접 방법으로 옳은 것은?

< 줄기접 시행순서 >
1. 서로 독립적으로 자라고 있는 접수용 묘목과 대목용 묘목을 나란히 접근
2. 양쪽 묘목의 측면을 각각 칼로 도려냄
3. 도려낸 면을 서로 밀착시킨 상태에서 접목끈으로 단단히 묶음

① 절접
② 할접
③ 기접
④ 교접

해 기접에 대한 설명이다. 기접에서의 포인트는 두 묘목의 줄기 측면을 깎은 후 서로 밀착시켜 묶어서 접합하는 것이다.

004

낙엽이 쌓이고 분해된 성분으로 구성된 토양 단면 층은?

① 표토층
② 모재층
③ 심토층
④ 유기물층

해 유기물층은 토양 구성 단면층 중에 가장 위에 위치하며 O층(Organic)으로 표시한다.
• 산림 토양단면 층위
  : 유기물층(O층) - 표토층(용탈층 A층)
  - 심토층(직접층 B층) - 모재층(C층)

005

임지 보육상 비료목으로 적당한 수종은?

① 소나무
② 잣나무
③ 오리나무
④ 느티나무

해 임지의 지력을 증진시켜 임목 생장을 촉진하기 위한 나무를 비료목이라 한다. 오리나무류, 아까시나무, 싸리나무, 보리수나무, 자귀나무 등이 비료목으로 적당하다.

006

산성 토양을 중화시키는 방법으로 가장 효과가 빠른 것은?

① 석회를 사용한다.
② NAA나 IBA를 사용한다.
③ 두엄을 많이 섞어준다.
④ 토양미생물을 접종한다.

해 대표적인 염기성 물질인 석회는 산성토양 중화에 가장 효과가 빠른 물질이다.

007

다음 설명하는 용어로 옳은 것은?

> 발아된 종자의 수를 전체 시료종자의 수로 나누어 백분율로 표시한다.

① 효율
② 순량률
③ 발아율
④ 종자율

해 발아율에 대한 설명이다.
발아율 = 발아된 종자 수 / 전체 시료 종자 수 × 100

008

종자의 결실량이 많고 발아가 잘 되는 수종과 식재 조림이 어려운 수종에 대하여 주로 실시하는 조림방법은?

① 소묘조림
② 대묘조림
③ 용기조림
④ 직파조림

해 식재가 어렵고 직접 파종 시 발아가 잘되는 수종에 대해 실시하는 조림방법을 직파조림이라 한다.

009

우리나라의 산림대에 대한 설명으로 옳은 것은?
① 온대림과 냉대림으로 구분된다.
② 온대림과 닌대림으로 구분된다.
③ 난대림, 온대림, (아)한대림으로 구분된다.
④ 난대림, 온대림, 온대북부림으로 구분된다.

해 우리나라 산림대는 남쪽에서부터 난대림, 온대림, (아)한대림으로 구분한다.

010

곰솔에 관한 설명으로 옳지 않은 것은?
① 암수딴그루이다.
② 바다 바람에 강하다.
③ 근계는 심근성이고 측근의 발달이 왕성하다.
④ 양수수종이다.

해 곰솔은 암꽃과 수꽃이 한나무에서 피는 암수한그루다.

011

한 나무에 암꽃과 수꽃이 달리는 암수한그루 수종은?
① 주목
② 은행나무
③ 사시나무
④ 상수리나무

해 상수리나무는 참나무과로 암수한그루다. 암수한그루 수종에는 참나무류와 소나무, 측백나무 등이 있다.

012

접목을 할 때 접수와 대목의 가장 좋은 조건은?
① 접수와 대목이 모두 휴면상태일 때
② 접수와 대목이 모두 왕성하게 생리적 활동을 할 때
③ 접수는 휴면상태이고, 대목은 생리적 활동을 할 때
④ 접수는 생리적 활동을 하고, 대목은 휴면상태일 때

해 접목(접붙이기)에서 보통 뿌리가 있는 부분을 대목이라고 하고 뿌리가 없는 부분을 접수라 한다. 접수는 휴면상태이고, 대목은 생리적 활동을 할 때가 접목의 적기라 할 수 있다.

013

군상 식재지 등 조림목의 특별한 보호가 필요한 경우 적용하는 풀베기 방법으로 가장 적합한 것은?
① 줄베기
② 전면베기
③ 둘레베기
④ 대상베기

해 인력절감과 작업편의성을 위해 일정간격으로 무리지어 식재한 군상식재지나 음수수종의 경우 등 조림목의 특별한 보호가 필요한 경우 적용하는 풀베기 방법은 조림목 주변을 일정 반경으로 사각형 또는 원형으로 베는 둘레베기이다.

014

갱신기간에 제한이 없고 성숙 임목만 선택해서 일부 벌채하는 것은?
① 왜림작업
② 택벌작업
③ 산벌작업
④ 맹아작업

해 택벌작업에 대한 설명이다.

015

다음 중 생가지치기로 인한 부후의 위험성이 가장 높은 수종은?
① 소나무
② 삼나무
③ 벚나무
④ 일본잎갈나무

해 생가지치기 시 목재의 썩음(부후 木材腐朽; wood rot, wood decay) 위험성이 가장 높은 수종은 벚나무이다. 단풍나무, 느릅나무, 물푸레나무 등도 상처가 나면 아무는 속도가 느리며 썩기 쉽다.

016

윤벌기가 80년이고 벌채구역이 4개인 임지에서의 회귀년의 기간으로 알맞은 것은?

① 20년
② 25년
③ 30년
④ 40년

해 회귀년이란 택벌림을 몇 개의 구역으로 나누어 작업하는 벌구식 택벌작업에서 한번 택벌된 벌채구역이 다시 택벌 될 때까지의 기간을 말한다. 회귀년은 윤벌기를 벌채구역의 개수로 나누어 구한다. 윤벌기 80년을 벌채구역 4개로 나누면 회귀년은 20년이다.

017

인공조림과 천연갱신의 설명으로 옳지 않은 것은?

① 천연갱신에는 오랜 시일이 필요하다.
② 인공조림은 기후, 풍토에 저항력이 강하다.
③ 천연갱신으로 숲을 이루기까지의 과정은 기술적으로 어렵다.
④ 천연갱신과 인공조림을 적절히 병행하면 조림성과를 높일 수 있다.

해 기후나 풍토에 대한 저항력이 강한 것은 천연갱신이며 인공조림의 경우 기후, 풍토에 적합한 수종의 선택에 어려움이 있다.

018

밤나무를 식재면적 1ha에 묘목간 거리 5m로 정사각형 식재할 때 소요되는 묘목의 총 본수는?

① 400본
② 500본
③ 1200본
④ 3000본

해 면적(ha)에 따른 식재에 필요한 묘목의 본수 계산은 식재면적(m^2)을 "묘목사이의 거리(m) X 줄사이의 거리(m)"로 나누어주면 된다.
- 식재면적 1ha = 10,000m^2
- 소요묘목본수 = 10,000m^2 / (5m X 5m)
  = 10,000 / 25 = 400본

019

음수 갱신에 좋으며 예비벌, 하종벌, 후벌의 3단계로 모두 벌채되고 새로운 임분이 동령림으로 나타나게 하는 작업종으로 옳은 것은?

① 저림작업
② 택벌작업
③ 모수작업
④ 산벌작업

해 산벌작업에 대한 설명이다.

020

종자를 미리 건조하여 밀봉 저장할 때 다음 중 가장 적정한 함수율은?

① 상관없음
② 약 5~10%
③ 약 11~15%
④ 약 16~20%

해 종자를 미리 건조하여 밀봉 저장 시 함수율은 5~10%가 적당하다.

021

묘목의 뿌리가 2년생, 줄기가 1년생을 나타내는 삽목묘의 연령 표기가 옳은 것은?

① 1 - 2묘
② 2 - 1묘
③ 1/2묘
④ 2/1묘

해 삽목묘의 뿌리와 줄기의 연령은 분수로 표시한다. 분모가 뿌리의 연령, 분자는 줄기의 연령을 뜻하므로 줄기 1년생, 뿌리 2년생 삽목묘의 경우 1/2묘로 표시한다.

022

곰솔 1 - 1묘의 지상부 무게 27g, 지하부 무게 9g일 때 T/R율은?

① 0.3
② 3.0
③ 18.0
④ 6.0

해 T/R율은 Top/Root, 즉 지하부(분모)에 대한 지상부(분자)의 비율을 뜻한다.
T/R = 지상부 / 지하부 = 27 / 9 = 3.0

023

일정한 규칙과 형태로 묘목을 식재하는 배식설계에 해당되지 않는 것은?

① 정방형 식재
② 장방형 식재
③ 정육각형 식재
④ 정삼각형 식재

해 묘목 식재 시 배식설계에는 정방형, 장방형, 정삼각형 식재는 있으나 정육형 식재는 없다.

024

조림지에 침입한 수종 등 불필요한 나무 제거를 주목적으로 하는 작업으로 가장 적합한 것은?

① 산벌
② 덩굴치기
③ 풀베기
④ 어린나무 가꾸기

해 키워드는 "불필요한 나무 제거를 주목적", 어린나무가꾸기(제벌)을 말한다.

025

점파로 파종하는 수종으로 옳은 것은?

① 은행나무, 호두나무
② 주목, 아까시나무
③ 노간주나무, 옻나무
④ 전나무, 비자나무

해 점파는 대립종자인 은행나무, 호두나무, 상수리나무, 밤나무 등의 파종에 적합하다.

026

곤충의 몸에 대한 설명으로 옳지 않은 것은?

① 기문은 몸의 양옆에 10쌍 내외가 있다.
② 곤충의 체벽은 표피, 진피층, 기저막으로 구성되어 있다.
③ 대부분의 곤충은 배에 각 1쌍씩 모두 6개의 다리를 가진다.
④ 부속지들이 마디로 되어 있고 몸 전체도 여러 마디로 이루어진다.

해 곤충의 다리는 배가 아니라 가슴에 있다. 대부분의 곤충은 3마디로 이루어진 가슴의 각 마디마다 한 쌍의 다리(총 6개)가 있으며 두 쌍의 날개가 있다. 배마디는 기본적으로 11마디이나 종류에 따라서 적은 것도 있다.

027

수정된 난핵이 분열하여 각각 개체로 발육하는 것으로서 1개의 수정난에서 여러 개의 유충이 나오는 곤충의 생식방법은 무엇인가?

① 단위생식
② 다배생식
③ 양성생식
④ 유성생식

🔠 다배생식에 대한 설명이다. 다배생식은 1개의 씨앗이나 알에서 2개 이상의 배(胚)가 생기는 현상을 말한다. 하나의 수정란이나 종자로부터 둘 이상의 배가 생기는 현상. 단위생식은 수정을 하지 않고 그대로 발생하여 새로운 개체가 되는 것을 말한다. 유성생식은 암수가 구별되는 생물의 각각의 체내에서 감수분열로 생성된 생식세포가 서로 결합을 하는 생식방법이며, 양성생식은 유성 생식 중, 자웅의 배우자의 수정에 의해 새로운 개체를 낳는 생식. 보통의 유성 생식 방법을 뜻한다.

028

산림환경관리에 대한 설명으로 옳지 않은 것은?

① 천연림 내에서는 급격한 환경변화가 적다.
② 복층림의 하층목은 상층목보다 내음성 수종을 선택 하여야 한다.
③ 혼효림은 구성 수종이 다양하여 특정병해의 대면적 산림피해가 발생하기 쉽다.
④ 천연림은 성립과정에서 여러 가지 도태압을 겪어왔으므로 특정 병해에 대한 저항성이 강하다.

🔠 혼효림은 구성 수종이 다양한 것은 맞다. 하지만 이러한 특징으로 병해충의 세력간 견제 및 천적의 다양화로 해충밀도가 높지 않다. 따라서 특정 병해충의 대면적 산림피해가 적다.

029

잣나무털녹병에 대한 설명으로 옳지 않은 것은?
① 송이풀 제거작업은 9월 이후 시행해야 효과적이다.
② 여름포자는 환경이 좋으면 여름동안 계속 다른 송이풀에 전염한다.
③ 여름포자가 모두 소실되면 그 자리에 털 모양의 겨울포자퇴가 나타난다.
④ 중간기주에서 형성된 담자포자는 바람에 의하여 잣나무 잎에 날아가 기공을 통하여 침입한다.

해 잣나무 털녹병의 중간기주인 송이풀의 생육시기는 5~9월로 방제는 4~6월에 감염 가지 및 줄기를 제거하면서 6~9월에는 피해지 내 송이풀을 제거하는 2가지 방법으로 실행되고 있다.

030

볕데기 현상의 원인은 무엇인가?
① 급격한 온도변화
② 급격한 토양 내 양분 용탈
③ 대기 중 오존농도의 급격한 증가
④ 대기 중 황산화물의 급격한 감소

해 볕데기(피소)는 강한 광선에 의하여 수피의 일부에서 급격한 수분 증발이 일어나 조직이 건조하여 떨어져 나가는 것으로 여기서 생긴 상처부위에 부후균이 침투하여 2차적인 피해를 유발한다. 급격한 고온으로의 온도변화에 의한 피해라 할 수 있다.

031

어린 묘가 땅 위에 나온 후 묘의 윗부분이 썩는 모잘록병의 병증을 무엇이라고 하는가?
① 수부형
② 근부형
③ 도복형
④ 지중부패형

해 한자를 유추해서 풀 수 있다. 수부형(首腐型)은 머리수(首), 부패할 부(腐)로 머리부분, 묘의 윗부분이 썩은 병증을 말한다. 어린 묘가 땅 위에 나온 후 묘의 윗부분이 썩는 모잘록병의 병증은 수부형이다.

032

솔나방 발생 예찰(유충 밀도조사)에 가장 적합한 시기는?
① 6월 중
② 8월 중
③ 10월 중
④ 12월 중

해 솔나방의 유충밀도 조사는 가을철 유충이 섭식을 중지하고 월동에 들어가기 전인 10월 중에 실시하는 것이 적합하다.

033

솔잎혹파리는 일반적으로 1년에 몇 회 발생하는가?

① 1회
② 2회
③ 3회
④ 5회

해 솔잎혹파리는 1년 1회 발생한다.

034

대기오염에 의한 급성피해증상이 아닌 것은?

① 조기낙엽
② 엽록괴사
③ 엽맥간 괴사
④ 엽맥 황화현상

해 엽맥 황화현상은 만성피해증상이다. 대기오염(아황산가스)에 의한 피해는 급성피해와 만성피해 증상으로 나뉘며, 급성피해로는 조기낙엽, 엽록괴사, 엽맥간 괴사 등 고농도의 아황산가스를 단시간에 흡수했을 때 세포 내의 엽록소가 급격히 파괴되어 나타나는 세포의 붕괴 및 괴사현상을 말하며, 만성피해는 일명 불가시적 피해라고도 하며 저농도의 아황산가스에 장기간 노출 시 초기에는 육안으로 관찰되지 않지만 시간경과에 따라 엽록소가 서서히 붕괴, 엽맥 황화현상이 나타나는 경우를 말한다.

035

아황산가스에 강한 수종만으로 올바르게 묶인 것은?

① 가시나무, 편백, 소나무
② 동백나무, 가시나무, 소나무
③ 동백나무, 전나무, 은행나무
④ 은행나무, 향나무, 가시나무

해 아황산가스에 강한 수종
  암기 TIP! **플후가시향 은사벽**
  • **플**라타너스, **후**박나무, **가시**나무, **향**나무, **은**행나무, **사**철나무, **벽**오동

해 아황산가스에 약한 수종
  암기 TIP! **삼소전자 느티독**
  • **삼**나무, **소**나무, **전**나무, **자**작나무, **느티**나무, **독**일가문비

036

향나무 녹병균이 배나무를 중간숙주로 기생하여 오렌지색 별무늬가 나타나는 시기로 가장 옳은 것은?

① 3~4월
② 6~7월
③ 8~9월
④ 10~11월

해 향나무 녹병균이 향나무 잎에 포자를 형성하여 오렌지색 별무늬가 나타나는 시기는 강우량이 많은 6~7월 경이다.

037

솔나방의 월동형태와 월동장소로 짝지어진 것 중 옳은 것은?

① 알 - 솔잎
② 유충 - 솔잎
③ 알 - 낙엽 밑
④ 유충 - 낙엽 밑

해 솔나방은 유충형태로 낙엽 밑 지피물이나 나무껍질 사이에서 월동한다.

038

기상에 의한 피해 중 풍해의 예방법으로 옳지 않은 것은?

① 택벌법을 이용한다.
② 묘목 식재 시 밀식 조림한다
③ 단순동령림의 조성을 피한다.
④ 벌채 작업 시 순서를 풍향의 반대 방향부터 실행한다.

해 묘목 식재 시 밀식하게 되면 통풍이 불량하여 생장에 지장을 초래하고 풍해에 불리하다.

039

성충으로 월동하는 것끼리 짝지어진 것은?

① 미국흰불나방, 소나무좀
② 소나무좀, 오리나무잎벌레
③ 잣나무넓적잎벌, 미국흰불나방
④ 오리나무잎벌레, 잣나무넓적잎벌

해 소나무좀, 오리나무잎벌레는 성충으로 월동한다. 미국흰불나방은 번데기, 잣나무넓적잎벌은 유충으로 월동한다.

040

기주교대를 하는 수목병이 아닌 것은?

① 포플러잎녹병
② 소나무 혹병
③ 오동나무 탄저병
④ 배나무 붉은별무늬병

해 기주교대란 이종기생균이 그 생활사를 완성하기 위하여 기주를 바꾸는 것을 말하며 오동나무 탄저병, 느티나무 흰무늬병 등은 기주교대를 하지 않는 수목병이다. 포플러잎녹병은 낙엽송, 소나무혹병은 참나무류, 배나무 붉은별무늬병은 향나무류를 중간기주로 기주교대를 하는 수목병이다.

041

도끼날의 종류별 연마 각도(°)로 옳지 않은 것은?

① 벌목용 : 9~12
② 가지치기용 : 8~10
③ 장작패기용(활엽수) : 30~35
④ 장작패기용(침엽수) : 25~30

해 장작패기용 도끼의 경우 대체로 단단한 수종이 많은 활엽수용의 연마각도가 30~35도로 침엽수용보다 크며, 침엽수용은 15도 정도가 적당하다.

042

기계톱 체인의 깊이제한부 역할은?

① 절삭 폭을 조절한다.
② 절삭 두께를 조절한다.
③ 절삭 각도를 조절한다.
④ 절삭 방향을 조정한다.

해 깊이제한부(depth gauge)연마는 절삭깊이를 조절하며 높게 연마 시 절삭 깊이가 얕아져 절삭량이 적어지고, 낮게 연마 시 톱날에 심한 부하가 걸려 안내판과 톱날의 수명이 단축된다.

043

다음중 양묘용 장비로 사용되는 것이 아닌 것은?

① 지조결속기
② 중경제초기
③ 정지작업기
④ 단근굴취기

해 번들러(지조결속기 bundler)는 벌목작업 후 남은 벌채부산물 압축하여 묶음으로 결속하는 장치로 묘목을 기르는데 쓰이는 양묘용 장비가 아니다.

044

체인톱의 안내판 1개가 수명이 다하는 동안 체인은 보통 몇 개 사용할 수 있는가?

① 1/2개
② 2개
③ 3개
④ 4개

해 체인톱 안내판의 수명은 450시간이며, 체인의 수명은 150시간이므로 안내판 1개가 수명을 다하는 동안 보통 3개의 체인을 사용한다.

045

다음중 기계톱의 체인을 돌려주는 동력전달 장치는?

① 실린더
② 플라이휠
③ 점화플러그
④ 원심클러치

해 체인톱은 일반적으로 엔진에서 생산된 동력을 크랭크 축의 동력취출부에 부착된 원심클러치를 통해서 스프로킷에 전달하여 체인을 돌려주는 방식이다.

046

기계톱의 연료와 오일을 혼합할 때 휘발유 15리터이면 오일의 적정량은 얼마인가?(단, 오일은 특수오일이 아님)

① 0.06리터
② 0.15리터
③ 0.6리터
④ 1.5리터

해 2행정기관인 기계톱의 연료인 휘발유와 엔진오일의 혼합비는 25 : 1 이므로 휘발유가 15리터일 때 엔진오일의 양은 15 / 25 = 0.6리터가 적정하다.

047

엔진이 시동되지 않을 경우 예상되는 원인이 아닌 것은?

① 오일탱크가 비어 있다.
② 연료탱크가 비어 있다.
③ 기화기 내 연료가 막혀 있다.
④ 플러그 점화케이블 결함이 있다.

해 엔진 시동이 되지 않는 것은 연료계통의 문제와 점화플러그에서 원인을 찾는다. (엔진)오일탱크(윤활유탱크)가 비어 있을 시 (엔진)오일펌프가 작동하지 않아 엔진 윤활작용에 지장을 주나 엔진이 시동되지 않는 직접적인 원인은 아니다. 우리 시험의 기출문제 중 "오일"이라는 용어는 "연료"가 아니라 "윤활유"로 보아야 문제가 풀리는 경우가 많으므로 주의한다.

048

기계톱 최초 시동 시 쵸크를 닫지 않으면 어떤 현상 때문에 시동이 어렵게 되는가?
① 연료가 분사되지 않기 때문이다.
② 공기가 소량 유입하기 때문이다.
③ 기화기 내 연료가 막혀 있다.
④ 공기 내 연료비가 낮기 때문이다.

해 쵸크를 닫지 않으면 공기 내 연료비가 낮기 때문에 시동이 잘 되지 않는다. 쵸크를 닫는다는 것은, 피스톤 내로 유입되는 공기를 차단한다는 뜻이다. 시동 시에는 숨구멍을 최대한 막아 공기의 흡입은 적게 하고 연료를 많이 혼합해야 한다. 따라서 쵸크를 닫는다는 것은 결국 공기 내 연료비를 높여 시동을 용이하게 만드는 것이다.

049

기계톱 작업자를 위한 안전장치로 옳지 않은 것은?
① 스프로킷 덮개
② 체인잡이 볼트
③ 후방손잡이 보호판
④ 스로틀레버 차단판

해 스프로킷 덮개는 본체구성부품으로 작업자를 위한 안전장치라 할 수 없다.

050

기계톱의 사용 시 오일함유비가 낮은 연료의 사용으로 나타나는 현상으로 옳은 것은?
① 검은 배기가스가 배출되고 엔진에 힘이 없다.
② 오일이 연소되어 퇴적물이 연소실에 쌓인다.
③ 엔진 내부에 기름칠이 적게 되어 엔진을 마모시킨다.
④ 스파크플러그에 오일막이 생겨 녹킹이 발생할 수 있다.

해 기계톱 엔진에 휘발유와 엔진오일을 혼합하여 사용하는 가장 큰 목적은 실린더 내 원활한 윤활작용이므로 윤활유가 부족하면 엔진 내부에 기름칠이 적게 되어 엔진을 마모시킨다.

051

다음 중 집재용 장비로만 묶어진 것은?
① 윈치, 스키더
② 윈치, 프로세서
③ 타워야더, 하베스터
④ 모터그레이더, 스키더

해 윈치, 스키더(견인집재기), 타워야더 등은 집재용 장비이다. 프로세서는 주로 가지치기만을 하는 대형 장비로 벌도된 나무의 가지치기와 절단작업을 동시에 할 수 있다. 하베스터는 대표적인 다공정 처리기계로 벌도, 가지치기, 조재목 다듬질, 토막내기 작업을 모두 수행할 수 있는 장비이다. 모터그레이더는 일반적으로 땅을 고르는 정지용 장비이다.

---

048 ④ | 049 ① | 050 ③ | 051 ① | 052 ④ | 053 ① | 054 ① | 055 ①

052

기계톱 출력의 표시로 사용되는 단위로 옳은 것은?
① HS
② HA
③ HO
④ HP

해 HP(미터마력, 프랑스마력), PS(영국마력), KW(국제표준단위) 등으로 출력을 표시한다.

053

체인톱니의 피치(pitch)는 무엇을 의미하는가?
① 리벳 3개의 간격을 2등분하여 표시한 것
② 리벳 3개의 간격을 4등분하여 표시한 것
③ 리벳 2개의 간격을 3등분하여 표시한 것
④ 리벳 2개의 간격을 4등분하여 표시한 것

해 피치는 리벳 3개의 간격을 2등분하여 표시한 것이다.

054

기계톱을 이용한 벌목작업에서 안전상 일반적으로 사용하지 않는 쐐기는?
① 철재 쐐기
② 목재 쐐기
③ 알루미늄 쐐기
④ 플라스틱 쐐기

해 기계톱을 이용한 벌목 작업 시 보통 철재 쐐기는 안전상의 이유로 사용하지 않는다.

055

4행정 엔진과 비교할 때 2행정 엔진의 설명으로 옳은 것은?
① 무게가 가볍다.
② 배기음이 작다
③ 휘발유와 오일 소비가 적다.
④ 동일 배기량일 때 출력이 적다.

해 2행정기관은 무게가 가볍다. 또한 배기음이 크고, 휘발유와 오일 소비가 많으며, 동일배기량에서 4행정엔진에 비해 출력이 크다.

056

기계톱에 사용하는 연료는 휘발유 20리터에 휘발유와 오일을 25 : 1의 비율로 혼합하려고 한다. 다음 중 오일의 양은 얼마인가?

① 0.4리터
② 0.6리터
③ 0.8리터
④ 1.0리터

해 휘발유과 오일의 비율 25 : 1 = 20리터 : X리터
25X = 20
X = 20 / 25 = 0.8리터

057

4행정 싸이클 기관의 작동순서로 옳은 것은?
① 흡입 → 압축 → 배기 → 폭발
② 흡입 → 폭발 → 배기 → 압축
③ 흡입 → 배기 → 압축 → 폭발
④ 흡입 → 압축 → 폭발 → 배기

해 흡입 → 압축 → 폭발(동력) → 배기
암기 TIP! 흡압똥배

058

우리나라 여름철에 기계톱 사용 시 혼합유 제조를 위한 윤활유 점도가 가장 알맞은 것은?
① SAE 20
② SAE 20W
③ SAE 30
④ SAE 10

해 우리나라 여름철에는 기계톱 윤활유로 SAE 30이 적합하다.(온도범위 영하 5도에서 영상 35도) 겨울철에는 점도가 작은 영하 30도까지 성능을 발휘하는 SAE 10W을 기준으로 생각한다.

059

벌목작업 시 다른 나무에 걸린 벌채목의 처리 방법으로 옳지 않은 것은?
① 기계톱을 이용하여 토막 낸다.
② 견인기를 이용하여 뒤로 끌어낸다.
③ 경사면을 따라 조심스럽게 끌어낸다.
④ 방향전환 지렛대를 이용하여 넘긴다.

해 다른 나무에 걸린 벌채목은 방향전환 지렛대를 이용하여 넘기거나 견인기를 이용하여 뒤로 경사면을 따라 조심스럽게 끌어낸다. 기계톱 이용 토막 시 위험할 수 있다.

060

다음 중 벌도, 가지치기 및 조재작업 기능을 모두 가진 장비는?
① 포워더
② 하베스터
③ 프로세서
④ 스윙야더

해 벌목, 가지치기 및 조재작업을 모두 한 공정으로 처리할 수 있는 장비는 하베스터다.

3회 빈출 모의고사

001

묘상에서의 단근작업에 관한 설명으로 옳지 않은 것은?
① 주로 휴면기에 실시한다.
② 측근과 세근을 발달시킨다.
③ 묘목의 철늦은 자람을 억제한다.
④ 단근의 깊이는 뿌리의 2/3 정도를 남기도록 한다.

해 단근작업은 휴면기에는 실시하지 않는다. 수목의 활동기, 특히 뿌리의 발육이 왕성한 시기에 실시하는 것이 효과가 좋다.

002

임지에 비료목을 식재하여 지력을 향상시킬 수 있는데 다음 중 비료목으로 적당한 수종은?
① 소나무
② 전나무
③ 오리나무
④ 사시나무

해 임지의 지력을 증진시켜 임목 생장을 촉진하기 위한 나무를 비료목이라 한다. 오리나무류, 아까시나무, 싸리나무, 보리수나무, 자귀나무 등이 비료목으로 적당하다.

003

덩굴류 제거작업 시 약제사용에 대한 설명으로 옳은 것은?
① 작업 시기는 덩굴류 휴지기인 1~2월에 한다.
② 칡 제거는 뿌리까지 죽일 수 있는 글라신액제가 좋다.
③ 약제 처리 후 24시간 이내에 강우가 있을 때 흡수율이 높다.
④ 제초제는 살충제보다 독성이 적으므로 약제 취급에 주의를 기울일 필요가 없다.

해 덩굴류 제거작업은 왕성한 생장기인 5~9월에 실시하며 칡 제거는 뿌리까지 죽이는 글라신액제, 근사미 등이 좋다. 약제 처리 후 24시간 이내에 강우가 있을 때는 빗물에 씻겨나가므로 흡수율이 낮다. 제초제 역시 독성이 강하므로 취급에 항상 주의를 기울여야 한다.

004

파종조림의 성과에 영향을 미치는 요인에 대한 설명으로 옳지 않은 것은?

① 발아한 어린 묘는 서리의 피해가 많다.
② 다른 곳보다 흙을 더 두껍게 덮어줄 경우 수분조절이 어려워 건조 피해를 입는다.
③ 발아하여 줄기가 약할 때 비가 와서 흙이 튀어 흙 옷을 만들면 그 묘목은 죽게 된다.
④ 우리나라의 봄 기후는 건조하기 쉬우므로 발아가 지연되면 파종조림은 실패하게 된다.

해 다른 곳보다 흙을 더 두껍게 덮어줄 경우 토양의 수분함유량을 높일 수 있다. 건조 피해는 기준보다 얇게 복토할 경우 발생 가능한 현상이다.

005

묘포의 정지 및 작상에 있어서 가장 적합한 밭갈이 깊이는?

① 20㎝ 미만
② 20㎝~30㎝정도
③ 30㎝~50㎝정도
④ 50㎝ 이상

해 정지 및 작상 작업은 밭을 갈고 묘상을 만드는 작업으로 밭갈이 깊이는 20㎝~30㎝정도가 가장 적합하다.

006

임분을 띠모양으로 구획하고 각 띠를 순차적으로 개벌하여 갱신하는 방법은?

① 산벌작업
② 대상개벌작업
③ 군상개벌작업
④ 대면적개벌작업

해 대상개벌작업은 임분을 띠모양으로 구획하고 각 띠를 교대로 순차적으로 개벌하여 갱신하는 방법이다.

007

다음 중 종자 수득율이 가장 높은 수종은?

① 잣나무
② 벚나무
③ 박달나무
④ 가래나무

해 가래나무의 수득율이 50.9%로 가장 높다. (잣나무 12.5%, 벚나무 18.2%, 박달나무 23.3%)

008

소립종자의 실중에 대한 설명으로 옳은 것은?
① 종자 1L의 4회 평균 중량
② 종자 1,000립의 4회 평균 중량
③ 종자 100립의 4회 평균 중량 곱하기 10
④ 전체 시료종자 중량 대비 각종 불순물을 제거한 종자의 중량 비율

해 종자의 실중은 종자 1,000립의 4회 평균 중량을 뜻한다.

009

벌채 방식이 간벌작업과 가장 비슷한 것은?
① 개벌작업
② 중림작업
③ 모수작업
④ 택벌작업

해 택벌작업은 산림생태계의 안정적 유지를 위해 전 구역을 몇 개의 벌채구로 구분하여 순차적으로 벌채해 나가는 방법으로 간벌작업과 가장 비슷하다. 간벌작업은 나무들이 적당한 간격을 유지하여 잘 자라도록 불필요한 나무를 솎아 베어 내는 것으로 임분 구성을 조절하기 위한 목적으로 실시된다. 남아있는 나무에 더 넓은 공간을 주어 지름생산을 촉진하고 숲을 건전하게 한다.

010

침엽수의 수형목 선발기준으로 옳지 않은 것은?
① 수관이 넓을 것
② 생장이 왕성할 것
③ 상층 임관에 속할 것
④ 상당한 종자가 달릴 것

해 침엽수의 수형목은 수관이 좁고 가지가 가늘며 수관이 한 쪽으로 치우치지 말아야 한다. 그 밖에 상층 임관에 속할 것. 주위 정상목 10본의 평균보다 수고 5%, 직경 20% 이상 클 것.(다만, 형질이 뛰어날 때는 생장이 평균 이상일 경우 선발 가능) 생장이 왕성할 것. 밑가지들이 말라서 떨어지기 쉽고 그 상처가 잘 아물 것. 심한 병충에 걸리지 않은 것. 수관이 완만하고 굵거나 비틀어지지 않은 것. 상당량의 종자가 달릴 것.

011

묘포 설계 면적에서 육묘지에 해당되지 않는 것은?
① 재배지
② 방풍림
③ 일시휴한지
④ 묘상 간의 통로면적

해 묘포설계 시 육묘지 면적에는 재배, 일시휴한지, 묘상 간 통로면적 등은 포함되나 방풍림, 부대시설 부지 등은 포함되지 않는다.

008 ② | 009 ④ | 010 ① | 011 ② | 012 ① | 013 ② | 014 ③ | 015 ①

012

다음 중 모수작업에 대한 설명으로 옳은 것은?
① 양수 수종의 갱신에 적당하다.
② 양수와 음수의 섞임을 조절할 수 있다.
③ ha당 남겨질 모수는 100본 이상으로 한다.
④ 현재의 수종을 다른 수종으로 바꾸고자 할 때 적당 하다.

해 모수작업은 양수 수종의 갱신에 적당하며 전 재적의 약 10%의 모수(어미나무)를 남겨두어 갱신에 필요한 종자를 공급하게 하고 그 밖의 임목(전 재적의 약 90%)은 개벌하는 갱신방법이다. 모수작업에 의해 갱신된 임분은 동령림 형태로 벌채작업이 한 지역에 집중되므로 작업이 간단하고 경제적이다. 종자가 비교적 가벼워 잘 날아갈 수 있는 수종에만 적용될 수 있다.(소나무, 해송 등)

013

산림 토양층위 중 빗물이 아래로 침전하면서 부식질, 점토, 철분, 알루미늄 성분 등을 용탈하여 내려가다가 집적해 놓은 토양층은?
① A층
② B층
③ C층
④ R층

해 키워드는 "집적해 놓은 토양층"이다. 집적층(B층)에 대한 설명이다.
- 산림 토양단면 층위
  : 유기물층(O층) - 표토층(용탈층 A층)
  - 심토층(직접층 B층) - 모재층(C층)

014

다음 중 수목 종자 발아에 영향을 미치는 주요 환경인자로 가장 거리가 먼 것은?
① 수분
② 공기
③ 토양
④ 온도

해 수목 종자 발아에 영향을 미치는 주요 환경인자(발아조건)는 온도, 수분, 광선, 산소이다.
암기 TIP! 온수광산

015

묘목이 활착되지 못하는 주요 이유로 옳지 않은 것은?
① T/R율이 낮을 때
② 건조한 임지에 심었을 때
③ 비료가 직접 뿌리에 닿았을 때
④ 적정 식재 시기보다 늦어졌을 때

해 T/R율이 낮다는 것은 지상부(Top)에 비해 지하부(Root)가 발달했다는 것으로 활착에 유리한 조건이다.

016

산지에 묘목을 식재한 후 가장 먼저 해야 할 무육작업은?

① 제벌
② 간벌
③ 풀베기
④ 가지치기

해 산지에 묘목 식재 시 가장 먼저 풀베기를 실시한다.
무육작업 순서
: **풀**베기 - **덩**굴치기 - **제**벌 - **가**지치기 - **간**벌

암기 TIP! 풀덩제가간

017

채종림 지정 기준으로 옳지 않은 것은?

① 벌채나 도남벌이 없었던 임분
② 보호관리 및 채종작업이 편리한 지역
③ 병충해가 없고 생태적 조건에 적응한 상태
④ 단위면적이 1ha이상, 모수는 50본/ha 이상

해 채종림 지정기준은 단위면적이 1ha이상, 모수는 300본/ha 이상이다.

018

다음 중 생가지치기를 할 때 상처 부위의 부후 위험성이 가장 큰 수종은?

① 곰솔
② 단풍나무
③ 리기다소나무
④ 일본잎갈나무

해 생가지치기 시 목재의 썩음(부후 木材腐朽; wood rot, wood decay) 위험성이 높은 수종에는 단풍나무, 벚나무, 느릅나무, 물푸레나무, 자작나무, 가문비나무 등이 있다.

019

다음 중 택벌림에 대한 설명으로 틀린 것은?

① 병해와 충해에 저항력이 높다.
② 음수의 갱신에는 부적당하다.
③ 임관이 항상 울폐한 상태에 있으므로 임지와 어린 나무가 보호를 받는다.
④ 숲이 심미적 가치가 좋다.

해 택벌림은 비옥한 토지에서의 음수 갱신에 적당하며 양수갱신에 부적당하다.

• 울폐도(crown density)
: 소밀도라고도 하며, 임목의 수관(樹冠)과 수관이 서로 접하여 이루고 있는 임관(林冠)의 폐쇄(閉鎖) 정도를 뜻한다.

020

접목을 할 때 접수와 대목의 가장 좋은 조건은?
① 접수와 대목이 모두 휴면상태일 때
② 접수와 대목이 모두 왕성하게 생리적 활동을 할 때
③ 접수는 휴면상태이고, 대목은 생리적 활동을 시작 할 때
④ 접수는 생리적 활동을 시작하고, 대목은 휴면상태 일 때

해 접목을 할 때 가장 좋은 조건은 접수는 휴면상태이고, 뿌리가 있는 대목은 생리적 활동을 시작한 직후이다.

021

선묘힌 2년생 소나무 묘목의 속당 **본수**로 옳은 것은?
① 20본
② 25본
③ 50본
④ 100본

해 2년생 소나무 묘목의 속당 본수는 20본, 곤포당 본수 1000본, 속수 50속이다.

022

우리나라 지각의 대부분을 이루고 있는 암석은?
① 석회암
② 수성암
③ 변성암
④ 화성암

해 우리나라 지각 대부분은 마그마가 식어서 형성된 암석인 화성암으로 이루어져 있다.

023

천연림에 대한 설명으로 맞지 않는 것은?
① 수종이 다양하다.
② 나무의 크기가 일정하다.
③ 층위가 다양하다.
④ 원시림 또는 처녀림이라 한다.

해 천연림은 원시림, 처녀림이라고도 하며, 인공림(인공조림)에 비해 수종, 직경, 수고, 층위가 다양한 혼효림을 형성된다.

024

수목과 광선에 대한 설명으로 틀린 것은?
① 수종에 따라 광선의 요구도에 차이가 있는 것은 아니다.
② 광선은 임목의 생장에 절대적으로 필요하다.
③ 소나무와 같은 수종을 양수라 한다.
④ 전나무와 같은 수종을 음수라 한다.

해 수종에 따라 광선 요구도에 차이가 있다.

025

임목종자의 품질검사 항목에 해당되지 않는 것은?
① 종자의 건조법
② 순량률
③ 발아율
④ 종자 1000립의 중량

해 임목종자의 품질 검사 항목 - 순량률, 발아율, 실중(종자 1000립의 중량), 효율 등이며 건조법은 해당되지 않는다.

026

1년에 2~3회 발생하며 1, 2령기 유충은 밤 가시를 식해하다가 3령기 이후 성숙해지면 과육을 식해하는 해충은?
① 밤바구미
② 밤나무혹벌
③ 복숭아명나방
④ 솔알락명나방

해 복숭아명나방의 성충은 7월 하순~8월 상순에 우화하여 주로 밤, 감, 석류 사과 등을 가해한다. 어린 유충은 밤송이 가시를 잘라먹어 누렇게 만들며 성숙한 유충은 밤송이 속으로 파고 들어가 과육을 식해한다.

027

뽕나무 오갈병의 병원균은?
① 균류
② 선충
③ 바이러스
④ 파이토플라스마

해 파이토플라스마에 의한 대표적 수목병은 뽕나무오갈병, 오동나무빗자루병, 대추나무빗자루병이다.

암기 TIP! 뽕오대

028

다음 중 알로 월동하는 해충은?

① 솔나방
② 텐트나방
③ 버들재주나방
④ 삼나무독나방

해 텐트나방은 연1회 발생하며 알로 월동한다. 솔나방과 삼나무독나방은 유충으로 월동하며 버들재주나방은 번데기로 월동한다.

029

다음 중 기주교대를 하는 수목병에 해당하지 않는 것은?

① 포플러 잎녹병
② 소나무재선충병
③ 잣나무털녹병
④ 사과나무 붉은별무늬병

해 소나무재선충병은 기주교대를 하는 수목병이 아니다. 포플러잎녹병은 낙엽송, 잣나무털녹병은 송이풀과 까치밥나무를 중간기주로 하며, 붉은별무늬병은 향나무류를 중간기주로 기주교대를 하는 수목병이다.

030

충분히 자란 유충은 먹는 것을 중지하고 유충 시기의 껍질을 벗고 번데기가 되는데, 이와 같은 현상을 무엇이라 하는가?

① 용화
② 부화
③ 우화
④ 약충

해 용화(蛹化)란 곤충의 유충이 번데기가 되는 것을 말한다. 번데기가 되면 생식활동을 하지 않으며 움직임이 거의 없다.

031

배나무를 기주교대 하는 이종 기생성 병은?

① 향나무 녹병
② 소나무 혹병
③ 전나무 잎녹병
④ 오리나무 잎녹병

해 배나무는 향나무 녹병의 중간기주이다. 또한 향나무는 붉은별무늬병의 중간기주이므로 배나무, 사과나무, 모과나무 가까이에는 향나무를 심지 않는다.

032

다음 수목 병해 중 바이러스에 의한 병은?

① 잣나무털녹병
② 벚나무빗자루병
③ 포플러 모자이크병
④ 밤나무 줄기마름병

해 포플러 모자이크병은 바이러스에 의한 병이다.

033

다음 중 살충제의 제형에 따라 분류된 것은?

① 수화제
② 훈증제
③ 유인제
④ 소화중독제

해 살충제는 제형에 따라 수화제, 액제, 유제, 분제, 입제 등으로 나뉜다.

034

아황산가스 대기오염에 의한 수목의 피해 양상에 대한 설명으로 옳지 않은 것은?

① 바람이 없는 날에는 피해가 크다.
② 일반적으로 겨울보다 봄에 피해가 더 크다.
③ 대기 및 토양습도가 낮을 때 피해가 늘어난다.
④ 밤보다는 동화작용이 왕성한 낮에 피해가 심하다.

해 아황산가스의 피해는 비교적 높은 온도의 저기압에서, 상대습도와 토양습도가 높고 구름이 끼어 있으며 바람이 거의 없을 때 크다. 일반적으로 겨울보다는 봄에 피해가 더 크며 밤보다는 동화작용이 왕성한 낮에 피해가 심하다.

035

다음 중 산불에 대한 내화력이 강한 수종은?

① 편백
② 곰솔
③ 삼나무
④ 은행나무

해 산불에 대한 내화력이 강한 수종에는 은행나무, 낙엽송, 가문비나무, 분비나무, 느티나무, 가시나무, 회양목 등이 있다.

036

다음 중 제초제의 병뚜껑과 포장지 색으로 옳은 것은?

① 녹색
② 황색
③ 분홍색
④ 빨간색

해 제초제의 병뚜껑과 포장지 색은 황색(노란색)이다. 녹색은 살충제, 분홍색은 살균제, 생장조절제는 파랑색이다.

037

대추나무빗자루병의 병원체 및 치료법에 대한 설명으로 옳은 것은?

① 재선충 - 살선충제
② 바이러스(Virus) - 침투성 살균제
③ 파이토플라스마(phytoplasma) - 항생제
④ 녹병균(Gymnosporangium spp) - 침투성 살균제

해 대추나무빗자루병은 파이토플라스마에 의해 발병하며 항생제인 옥시테트라사이클린으로 치료한다.

038

성숙한 유충의 몸길이가 가장 큰 해충은?

① 독나방
② 박쥐나방
③ 매미나방
④ 어스렝이나방

해 어스렝이나방의 성숙한 유충의 몸길이는 최대 4.5cm 정도, 날개를 편 길이는 13cm 정도로 보기 중에 가장 크다. 독나방은 암컷이 15~17mm이고 수컷이 13~15mm이며 날개를 편 길이는 30~44mm이다. 박쥐나방은 몸길이는 34~45mm이고 날개를 편 길이가 45~110mm이다. 매미나방은 몸길이는 17~21mm이고, 날개를 편 길이는 41~54mm이다.

039

볕데기에 대한 설명으로 옳지 않은 것은?

① 남서방향 임연부의 고립목에 피해가 나타나기 쉽다.
② 오동나무나 호두나무처럼 코르크층이 발달되지 않는 수종에서 자주 발생한다.
③ 강한 복사광선에 의해 건조된 수피의 상처 부위에 부후균이 침투하여 피해를 입는다.
④ 토양의 온도를 낮추기 위한 관수나 해가림 또는 짚을 이용한 토양피복 등의 처리를 하는 것이 좋다.

해 볕데기(피소)는 강한 광선에 의하여 수피의 일부에서 급격한 수분 증발이 일어나 조직이 건조하여 떨어져 나가는 것으로 지표면 토양 온도상승으로 인한 치묘의 열해와는 다른 종류의 고열 피해이다. 볕데기의 예방법으로는 울폐된 숲에 강한 직사광선이 투입되는 것을 피하고, 서향이나 남서향의 임연부의 가지치기를 하지 말 것, 고립목의 경우 해가림이나 짚, 새끼줄로 수간을 감아주거나 진흙을 발라주는 방법 등이 있다.

040

세균에 의해 발생되는 뿌리혹병에 관한 설명으로 옳은 것은?

① 방제법으로 석회 사용량을 늘린다.
② 건조할 때 알칼리성 토양에서 많이 발생한다.
③ 주로 뿌리에서 발생하며 가지에는 발생하지 않는다.
④ 병원균은 수목의 병환부에서는 월동하지 않고 토양 속에서만 월동한다.

해 뿌리혹병은 뿌리 뿐만 아니라 가지에서도 발생하며 고온다습한 환경의 pH6.0이하의 산성토양에서 많이 발생한다. 방제방법으로는 토양내 과습이 되지 않도록 주의하고 병든 식물체의 뿌리혹을 제거하여 소각한다. 또한 석회를 사용하여 PH를 7.2이상의 알칼리 상태로 전환하면 예방에 좋다. 뿌리혹병의 병원균은 혹 병환부 뿐만 아니라, 토양 속에서도 월동한다.

041

다음 중 냉각된 기계톱의 최초 시동 시 가장 먼저 조작하는 것은?

① 쵸크레버
② 스로틀레버
③ 엑셀고정레버
④ 체인브레이크레버

해 쵸크레버는 공기흡입량을 조절하는 레버로 닫으면 공기유입이 차단되어 혼합가스의 농도가 짙어지게 된다. 즉 시동이 잘 걸리지 않을때 초크 벨브를 닫아서 공기는 적게 연료는 많게 하여 폭발이 잘 일어나게 유도해야 한다. "초크 벨브를 닫다"라는 의미는 '초크를 당기다', '초크를 올리다', '초크를 돌리다' 등으로 바꾸어 말하기도 하며 "초크 벨브를 열다"라는 의미는 '초크를 밀다', '초크를 내리다', '초크를 원래대로 하다' 등으로 표현하기도 한다.

042

가선집재에 사용되는 가공본줄의 최대장력은? (단, T=최대장력, W=가선의 전체중량, Ø=최대장력계수 P=가공본줄에 걸리는 전체하중)

① T = W ÷ P × Ø
② T = W × P × Ø
③ T = (W − P) × Ø
④ T = (W + P) × Ø

해 가선집재 시 사용하는 줄은 가공본줄, 당김줄, 버팀줄 등이 있는데 가공본줄의 최대 장력을 구하는 공식은 다음과 같다.

• 가공본줄 최대장력 T = (W + P) X Ø
• (T=최대장력, W=가선의 전체중량, P=가공본줄에 걸리는 전체하중, Ø=최대장력계수)

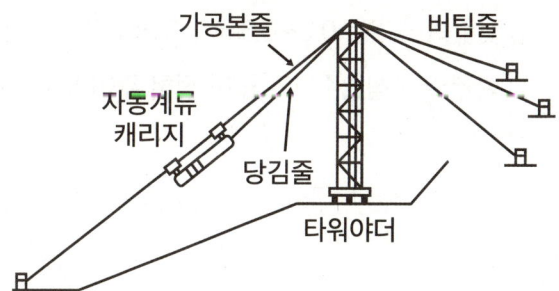

043

소집재작업이나 간벌재를 집재하는데 가장 적절한 장비는?

① 스키더
② 타워야더
③ 소형 윈치
④ 트랙터 집재기

🗓 소재재작업이나 간벌재 집재에 가장 적절한 장비는 소형윈치이다.

044

삼각톱니 가는 방법에서 톱니 젖힘의 설명으로 옳지 않은 것은?

① 젖힘의 크기는 0.2~0.5㎜가 적당하다.
② 활엽수는 침엽수보다 많이 젖혀 주어야 한다.
③ 톱니 젖힘은 나무와의 마찰을 줄이기 위하여 한다.
④ 톱니 젖힘은 톱니 뿌리선으로부터 2/3 지점을 중심으로 하여 젖혀준다.

🗓 활엽수는 침엽수보다 보통 단단하므로 톱니 젖힘 크기를 침엽수보다 적게 젖힌다.
(침엽수는 0.3~0.5mm, 활엽수는 0.2~0.3mm)

045

다음 중 양묘작업 도구로 가장 적합한 것은?

① 이리톱
② 지렛대
③ 갈고리
④ 식혈봉

🗓 묘목 조림용 구덩이를 파는 식혈봉은 양묘작업도구로 적합하다. 이리톱은 무육용날과 가지치기날이 같이 있어 유령림의 무육작업에 적합하며, 지렛대와 갈고리는 벌목과 수확작업에 쓰인다.

046

도끼 자루 제작을 위한 재료에 대한 설명으로 옳은 것은?

① 탄력이 있고 질겨야 한다.
② 무겁고 보습력이 좋아야 한다.
③ 가볍고 섬유장이 짧아야 한다.
④ 일반적으로 느티나무는 적합하지 않다.

🗓 도끼자루는 탄력이 있고 질기며, 가볍고 섬유장이 긴 느티나무, 박달나무, 들메나무, 물푸레나무, 가시나무, 단풍나무, 호두나무, 가래나무, 참나무류 등 활엽수가 적당하다.

047

대패형 톱날의 창날각으로 가장 적합한 것은?
① 30°
② 35°
③ 40°
④ 45°

해 대패형톱날 창날각 35도, 가슴각 90도, 지붕각 60도

암기 TIP! 대창삼오 가구지륙

048

산림작업 시 안전사고 예방을 위하여 지켜야 할 사항으로 옳지 않은 것은?
① 작업 실행에 심사숙고 할 것
② 긴장하지 말고 부드럽게 할 것
③ 가급적 혼자 작업하여 능률을 높일 것
④ 휴식 직후에는 서서히 작업속도를 높일 것

해 안전사고 예방을 위해 항상 2인 이상 작업한다.

049

집재장에서 통나무를 끌어내리는데 사용하기 가장 적합한 작업도구는?
① 삽
② 지게
③ 사피
④ 클램프

해 사피는 집재장에서 통나무를 찍어 끌어내리는데 사용하기 가장 적합하다.

050

기계톱 안내판의 끝부분이 단단한 물체에 접촉하여 안내판이 작업자가 있는 뒤로 튀어 오르는 현상은?
① 킥백현상
② 댐핑현상
③ 브레이크현상
④ 오버히팅현상

해 킥백현상에 대한 설명이다.

051

윤활유로서 구비해야 할 성질이 아닌 것은?

① 유성이 좋아야 한다.
② 점도가 적당해야 한다.
③ 부식성이 없어야 한다.
④ 온도에 의한 점도의 변화가 커야 한다.

해 윤활유는 온도에 의한 점도 변화가 작아야 한다.

052

안전사고 예방준칙과 관계가 먼 것은?

① 작업의 중용을 지킬 것
② 율동적인 작업을 피할 것
③ 규칙적인 휴식을 취할 것
④ 혼자서는 작업하지 말 것

해 안전사고 예방을 위해서는 경직된 동작보다는 율동적이고 부드러운 동작으로 작업할 필요가 있다.

053

디젤기관과 비교했을 때 가솔린기관의 특성으로 옳지 않은 것은?

① 전기점화 방식이다.
② 배기가스 온도가 낮다.
③ 무게가 가볍고 가격이 저렴하다.
④ 연료는 기화기에 의한 외부혼합방식이다.

해 가솔린 기관의 배기가스 온도는 1,050도 정도로 디젤엔진보다 더 높다.

054

무육톱의 삼각톱날 꼭지각은 몇 도(°)로 정비하여야 하는가?

① 25
② 28
③ 35
④ 38

해 무육톱의 삼각톱날은 꼭지각 38도로 정비한다.

055

기계톱의 동력연결은 어떤 힘에 의하여 스프로킷에 전달되는가?
① 반력
② 구심력
③ 중력과 마찰력
④ 원심력과 마찰력

해 엔진에서 생산된 동력은 크랭크축의 회전운동이 원심분리형 클러치를 통해 원심력과 마찰력으로 스프로킷에 전달된다.

056

엑셀레버를 잡아도 엔진이 가속되지 않을 때 예상 되는 원인이 아닌 것은?
① 에어휠터가 더럽혀져 있다.
② 연료 내 오일의 혼합량이 적다.
③ 점화코일과 단류장치가 결함이 있다.
④ 기화기 조절이 잘못되었거나 결함이 있다.

해 연료 내 오일 혼합량 부족은 윤활작용 불량으로 엔진 부속품 마모와 관련이 있으며 가속불량과 관련이 없다. 오히려 연료내 오일 혼합량 과다 시 점화 플러그 전극 부위에 카본 등이 퇴적되어 출력저하와 시동불량이 발생할 수 있다. 엔진 시동 후 가속불량과 관련이 있는 것은 에어필터 막힘, 점화코일 및 단류장치 결함, 기화기 조절불량이나 결함이다.

057

다음 중 작업도구와 능률에 관한 기술로 가장 거리가 먼 것은?
① 자루의 길이는 적당히 길수록 힘이 강해진다.
② 도구의 날 끝 각도가 클수록 나무가 잘 부셔진다.
③ 도구는 가볍고 내려치는 속도가 빠를수록 힘이 세어진다.
④ 도구의 날은 날카로운 것이 땅을 잘 파거나 잘 자를 수 있다.

해 힘은 도구의 중량에 비례한다.

058

특별한 경우를 제외하고 도끼를 사용하기에 가장 적합한 도끼 자루의 길이는?
① 사용자 팔 길이
② 사용자 팔 길이의 2배
③ 사용자 팔 길이의 0.5배
④ 사용자 팔 길이의 1.5배

해 도끼 자루의 길이는 사용자 팔 길이 정도가 적당하다.

059

4행정기관과 비교한 2행정기관의 특징으로 옳지 않은 것은?

① 중량이 가볍다.
② 저속운전이 용이하다.
③ 시동이 용이하고 바로 따뜻해진다.
④ 배기음이 높고 제작비가 저렴하다.

해
- 저속에서 고속까지 광범위한 속도 변화가 가능한 4행정기관에 비해 2행정기관은 저속 운동이 어렵다. 2행정기관은 구조가 간단하면서 마력당 중량이 가볍고 제작비가 저렴하다. 밸브류를 사용하지 않아 부품수가 적으며 고장이 비교적 적다. 실린더벽에 구멍이 있어 유막이 끊어지므로 열변형 및 피스톤링의 마모가 쉽고, 윤활유 소비가 크다.
- 2행정기관은 연소를 위해 허용되는 시간이 4행정의 절반 정도로 배기가 불완전해지기 쉽다. 또한 흡기와 배기가 동시에 열려 있는 시간이 길기 때문에 혼합기 손실이 많고 연료소비도 증가한다.

060

트랙터를 이용한 집재 시 안전과 효율성을 고려했을 때 일반적으로 작업 가능한 최대 경사도(°)로 옳은 것은?

① 5 ~ 10
② 15 ~ 20
③ 25 ~ 30
④ 35 ~ 40

해 안전과 효율성을 고려한 트랙터의 집재 작업 시 최대 경사도는 15도~20도 범위이다.

4회 빈출 모의고사

001
다음 중 결실주기가 가장 긴 수종은?
① 곰솔
② 소나무
③ 전나무
④ 일본잎갈나무

해 일본잎갈나무(낙엽송)은 결실주기가 5년 이상이다. 소나무, 곰솔은 격년 결실을 맺고, 전나무의 결실주기는 3~4년이다.

002
수확을 위한 벌채 금지 구역으로 옳지 않은 것은?
① 내화수림대로 조성 및 관리되는 지역
② 도로변 지역은 도로로부터 평균 수고폭
③ 벌채구역과 벌채구역 사이 100m 폭의 잔존수림대
④ 생태통로 역할을 하는 8부 능선 이상부터 정상부. 다만, 표고가 100m 미만인 지역은 제외

해 벌채구역과 벌채구역 사이의 잔존수림대에 대한 벌채금지구역의 폭은 20m이다.

003
조림목과 경쟁하는 목적 이외의 수종 및 형질 불량목이나 폭목 등을 제거하여 원하는 수종의 조림목이 정상적으로 생장하기 위해 수행하는 작업은?
① 풀베기
② 간벌작업
③ 개벌작업
④ 어린나무 가꾸기

해 명칭이 여러가지이므로 주의한다.
어린나무가꾸기 = 잡목솎아내기 = 제벌(除伐)
조림목 외의 수종을 제거하고 조림목 중 형질이 불량한 나무를 벌채하는 무육작업을 말한다.

004
리기다소나무 노지묘 1년생 묘목의 곤포당 본수는?
① 1000본
② 2000본
③ 3000본
④ 4000본

001 ④ 002 ③ 003 ④ 004 ②

005

다음 중 맹아갱신 작업에 가장 유리한 수종은?
① 소나무
② 전나무
③ 신갈나무
④ 은행나무

해 맹아갱신은 임목의 벌근으로부터 발생하는 맹아를 무육하여 후계림을 조성하는 방법으로 맹아력이 있는 수종에 한하여 적용할 수 있는 방법이다. 맹아력이 강한 수종으로는 신갈나무, 상수리나무 등 참나무류, 물푸레나무, 오리나무, 벚나무, 포플러, 싸리나무, 서어나무, 아까시나무 등이 있으며 소나무, 전나무, 낙엽송, 잣나무, 밤나무는 맹아력이 약한 수종이다.

006

결실을 촉진시키는 방법으로 옳은 것은?
① 수목의 식재밀도를 높게 한다.
② 줄기의 껍질을 환상으로 박피한다.
③ 간벌이나 가지치기를 하지 않는다.
④ 차광망을 씌워 그늘을 만들어 준다.

해 줄기의 껍질을 환상 박피하는 것은 개화 결실을 촉진시키는 방법이다.

007

다음 중 내음성이 가장 강한 수종은?
① 밤나무
② 사철나무
③ 오리나무
④ 버드나무

해 내음성이란 음지에서도 광합성을 하여 잘견디는 성질로 사철나무, 주목, 회양목, 굴거리나무, 개비자나무, 나한백 등이 내음성이 강한 음수 수종이다.

008

실생묘 표시법에서 1 - 1 묘란?
① 판갈이한 후 1년간 키운 1년생 묘목이다.
② 파종상에서만 1년 키운 1년생 묘목이다.
③ 판갈이를 하지 않고 1년 경과된 종자에서 나온 묘목이다.
④ 파종상에서 1년 보낸 다음, 판갈이하여 다시 1년이 지난 만 2년생 묘목으로 한 번 옮겨 심은 실생묘이다.

009

산림토양층에서 가장 위층에 있는 것은?
① 표토층
② 심토층
③ 모재층
④ 유기물층

해 유기물층은 토양 구성 단면층 중에 가장 위에 위치하며 O층(Organic)으로 표시한다.
  • 산림 토양단면 층위
    : 유기물층(O층) - 표토층(용탈층 A층)
    - 심토층(직접층 B층) - 모재층(C층)

010

덩굴제거 작업에 대한 설명으로 옳지 않은 것은?
① 물리적방법과 화학적방법이 있다.
② 콩과식물은 디캄바액제를 살포한다.
③ 일반적인 덩굴류는 글라신액제로 처리한다.
④ 24시간 이내 강우가 예상될 경우 약제 필요량보다 1.5배 정도 더 사용한다.

해 약제 처리 후 24시간 이내 강우가 예상될 때는 약제처리를 중단한다.

011

묘목의 가식 작업에 관한 설명으로 옳지 않은 것은?
① 장기간 가식할 때에는 다발채로 묻는다.
② 장기간 가식할 때에는 묘목을 바로 세운다.
③ 충분한 양의 흙으로 묻은 다음 관수(灌水)를 한다.
④ 일시적으로 뿌리를 묻어 건조 방지 및 생기 회복을 위해 실시한다.

해 묘목을 장기간 가식할 때는 다발을 풀어 뿌리 사이에 충분한 흙이 들어가도록 한다.

012

묘목의 식혈식재(구덩이 식재)순서를 바르게 나열한 것은?

a : 구덩이파기	b : 다지기
c : 묘목 삽입	d : 지피물 제거
e : 지피물 피복	f : 흙 채우기

① d → a → c → f → b → e
② d → c → a → f → b → e
③ d → a → c → b → f → e
④ d → c → a → b → f → e

해 묘목의 식혈식재 순서는 지피물 제거 → 구덩이 파기 → 묘목 삽입 → 흙 채우기 → 다지기 → 지피물 피복 순이다.

013

종묘사업 실시요령의 종자품질기준에서 다음 중 발아율이 가장 높은 수종은?

① 곰솔
② 주목
③ 전나무
④ 비자나무

해 곰솔의 발아율은 92%로 아주 높다. 비자나무 61%, 주목은 55%, 전나무 25%

014

연료채취를 목적으로 벌기령을 짧게 하는 작업종은?

① 죽림작업
② 택벌작업
③ 왜림작업
④ 개벌작업

015

중림작업의 상층목 및 하층목에 대한 설명으로 옳지 않은 것은?

① 일반적으로 하층목은 비교적 내음력이 강한 수종이 유리하다.
② 하층목이 상층목의 생장을 방해하여 대경재생산에 어려운 단점이 있다.
③ 상층목은 지하고가 높고 수관의 틈이 많은 참나무류 등 양수종이 적합하다.
④ 상층목과 하층목은 동일 수종으로 주로 실시하나, 침엽수 상층목과 활엽수 하층목의 임분구성을 중림으로 취급하는 경우도 있다.

해 중림작업은 같은 임분에 왜림과 교림을 동시에 세워두는 작업으로 상층목이 하층목의 맹아발생과 생장을 방해하는 단점이 있다.

016

가지치기에 관한 설명으로 옳지 않은 것은?

① 포플러류는 역지(으뜸가지) 이하의 가지를 제거한다.
② 임목의 질적 개선으로 옹이가 없고 통직한 완만재 생산을 위한 육림작업이다.
③ 큰 생가지를 잘라도 위험성이 적은 수종은 물푸레나무, 단풍나무, 벚나무, 느릅나무 등이다.
④ 나무가 생리적으로 활동하고 있을 때 가지치기를 하면 껍질이 잘 벗겨지고 상처가 크게 된다.

해 물푸레나무, 단풍나무, 벚나무, 느릅나무 등은 큰 생가지를 자르면 상처부위가 썩는 부후(腐朽)의 위험성이 크다.

017

다음의 표를 참고하여 아래 조건에 대하여 적합한 수종은?

<조건>
- 첫해에는 파종상에서 경과한다.
- 다음 해에는 그대로 둔다.
- 3년째 봄에 판갈이한다.
- 4년째 봄에 산에 심는다.

수종	1	2	3	4	5
소나무	○	-	△		
잣나무	○	-	×	△(-)	(△)
삼나무	○	×	△(×)	(-)	(△)
신갈나무	○	×	△		

○ : 파종, × : 판갈이, △ : 산출,
- : 거치(남겨둠), ( ) : 대체안

① 소나무
② 잣나무
③ 삼나무
④ 신갈나무

해 표를 해석해보면 첫해에는 모든 수종이 파종상에서 경과하나, 다음해 그대로 두는 수종은 거치로 표시된 소나무와 잣나무, 3년째에 판갈이(×)하고 4년째 산출하는 경과를 보이는 것은 잣나무와 삼나무이다. 모든 조건을 만족하는 것은 잣나무이다.

018

잔존시키는 임목의 성장 및 형질 향상을 위하여 임목 간의 경쟁을 완화시키는 작업은?

① 개벌작업
② 간벌작업
③ 택벌작업
④ 산벌작업

해 간벌(間伐)은 나무들이 적당한 간격을 유지하여 잘 자라도록 불필요한 나무를 솎아 베어 내는 것으로 임분 구성을 조절하기 위한 목적으로 실시된다. 남아있는 나무에 더 넓은 공간을 주어 지름생산을 촉진하고 숲을 건전하게 한다.

019

3년생 잣나무를 관리하기 위해 풀베기 작업 계획 수립 시 가장 적절하지 않은 것은?

① 모두베기를 한다.
② 5~8년간은 계속한다.
③ 5~7월 중에 실행한다.
④ 잡초가 무성한 곳은 한 해에 2번 실행한다.

해 모두베기는 조림지 전면의 잡초목을 모두 베어내는 방법으로 소나무, 낙엽송, 삼나무, 편백 등 조림 또는 갱신지에 적용하며, 잣나무는 해당되지 않는다.

020

나무를 굽게 하고 생장을 저하시키며 심한 경우 나무줄기를 부러뜨리는 기후 인자는?

① 수분
② 바람
③ 광선
④ 온도

해 강우를 동반한 강풍은 나무를 굽게 하고 생장을 저하시키며 심한 경우 나무줄기를 부러뜨리기도 한다.

021

모수작업법을 이용한 산림 갱신에서 모수의 조건으로 적합하지 않은 것은?

① 유전적 형질이 좋아야 한다.
② 우세목 중에서 고르도록 한다.
③ 종자는 많이 생산할 수 있어야 한다.
④ 바람에 대한 저항력은 고려 대상이 아니다

해 바람에 대한 저항력 역시 고려 대상이다.

022

종자 검사에 관한 설명으로 옳지 않은 것은?

① 실중이란 1리터에 대한 무게를 나타낸 것이다.
② 효율이란 발아율과 순량율의 곱으로 계산할 수 있다.
③ 발아율이란 일정한 수의 종자 중에서 발아력이 있는 것을 백분율로 표시한 것이다.
④ 순량율이란 일정한 양의 종자 중 협잡물을 제외한 종자량을 백분율로 표시한 것이다.

해 종자의 실중은 종자 1,000립의 4회 평균 중량을 뜻한다.

023

2ha의 면적에 2m 간격으로 정방형으로 묘목을 식재 하고자 할 때 소요 묘목 본수는?

① 2000본
② 2500본
③ 4000본
④ 5000본

해 정방형으로 묘목 식재 시 묘목의 수는 조림지 면적을 단위면적(간격의 제곱)으로 나누어 주면 된다.
- 조림지 면적 2ha는 20,000제곱미터이므로 20,000 / 4 = 5,000 본
- 묘목의 수
$= \dfrac{\text{조림지 면적}}{\text{묘목사이의 거리}^2} = \dfrac{20,000}{2^2} = 5,000$

024

산벌작업의 순서로 옳은 것은?

① 예비벌 → 후벌 → 하종벌
② 하종벌 → 예비벌 → 후벌
③ 예비벌 → 하종벌 → 후벌
④ 하종벌 → 후벌 → 예비벌

해 예비벌 → 하종벌 → 후벌
암기 TIP! 예하후!

025

밤나무 종자의 정선 방법으로 가장 좋은 것은?

① 입선법
② 수선법
③ 풍선법
④ 사선법

해 종자 알갱이 하나하나를 살펴서 가려내는 방법으로 밤나무나 호두나무처럼 대립종자의 정선에 적용한다.

026

솔잎혹파리에 대한 설명으로 옳지 않은 것은?
① 완전변태를 한다.
② 솔잎의 기부에서 즙액을 빨아 먹는다.
③ 1년에 2회 발생하며 알로 월동한다.
④ 기생성 천적으로 솔잎혹파리먹좀벌 등이 있다.

해 솔잎혹파리는 1년 1회 발생하며, 유충으로 월동한다.

027

다음 살충제 중에서 불임제의 작용 특성을 가진 것은?
① 비산석회
② 알킬화제
③ 크레오소트
④ 메틸브로마이드

해 불임제란 생식력을 잃게하는 화학약제로 알킬화제는 세포분열을 불가능하게 하는 유독성 불임제다.

028

잣이나 솔방울 등 침엽수의 구과를 가해하는 해충은?
① 솔나방
② 솔박각시
③ 소나무좀
④ 솔알락명나방

해 솔알락명나방은 잣이나 솔방울 등 침엽수의 열매에 파고들어 가해 후 배설물을 채워 넣는다.

029

어스렝이나방에 대한 설명으로 옳지 않은 것은?
① 알로 월동한다.
② 1년에 1회 발생한다.
③ 유충이 열매를 가해한다.
④ 플라타너스, 호두나무 등을 가해한다.

해 어스렝이나방은 밤나무산누애나방이라고도 하며 유충은 플라타너스, 호두나무, 참나무, 상수리나무, 밤나무 등의 잎을 가해하며, 알로 월동한다.

030

세균에 의한 병이 아닌 것은?
① 잎떨림병
② 불마름병
③ 뿌리혹병
④ 세균성 구멍병

해 불마름병, 뿌리혹병, 세균성 구멍병은 모두 세균에 의한 감염병이나 잎떨림병은 곰팡이(진균)균 중 자낭균에 의해 발생한다. 그 밖에 점무늬병, 흰가루병, 그을음병, 떡병, 가지마름병, 시들음병, 뿌리썩음병 등 대부분의 수목병이 곰팡이(진균)에 의해 발병한다.

031

벚나무빗자루병의 방제법으로 옳지 않은 것은?
① 디페노코나졸 입상수화제를 살포한다.
② 옥시테트라사이클린 항생제를 수간주사 한다.
③ 동절기에 병든 가지 밑부분을 잘라 소각한다.
④ 이미녹타딘트리스알베실레이트 수화제를 살포한다.

해 옥시테트라사이클린 항생제는 파이토플라스마에 의한 수목병 방제에 이용된다.

032

다음 살충제 중 가장 친환경적인 농약은?
① 비티수화제
② 디프수화제
③ 메프수화제
④ 베스트수화제

해 비티수화제(Bacillus Thuringiensis(B.T.))는 곤충류에 독성을 보이는 토양미생물을 활용한 살충제로 일반합성살충제보다 친환경적인 농약으로 많이 이용된다.

033

피해목을 벌채한 후 약제 훈증처리의 방제가 필요한 수병은?
① 뽕나무 오갈병
② 잣나무 털녹병
③ 소나무 잎녹병
④ 참나무 시들음병

해 참나무 시들음병은 피해목을 벌채 후 소각하거나 훈증처리하여 감염원을 완전 박멸 방제해야 매개충 및 병원균의 번식을 막을 수 있다.

034

저온에 의한 피해의 종류가 아닌 것은?

① 상한(frost harm)

② 상렬(frost crack)

③ 상해(frost injury)

④ 상주(frost heaving)

해 서리피해인 상해, 상렬, 상주(서릿발)은 저온 피해 종류에 속하는 용어지만 상한이라는 용어는 쓰지 않는다.

035

대기오염물질 중 아황산가스에 잘 견디는 수종으로 옳은 것은?

① 전나무, 느릅나무

② 소나무, 사시나무

③ 단풍나무, 향나무

④ 오리나무, 자작나무

해 아황산가스에 잘 견디는 수종에는 단풍나무, 향나무, 플라타너스, 후박나무, 가시나무, 은행나무, 사철나무, 벽오동, 아까시나무, 동백나무 등이 있고, 아황산가스에 약한 수종에는 삼나무, 소나무, 전나무, 자작나무, 느티나무, 독일가문비 등이 있다.

036

미국흰불나방이나 텐트나방의 유충은 함께 모여 살면서 잎을 가해하는 습성이 있는데, 이를 이용하여 유충을 태워 죽이는 해충 방제 방법은?

① 경운법

② 차단법

③ 소살법

④ 유살법

037

바이러스에 의한 수목병으로 옳은 것은?

① 전나무 잎녹병

② 밤나무 줄기마름병

③ 대추나무빗자루병

④ 아까시나무 모자이크병

해 모자이크병은 바이러스에 의한 수목병으로 모자이크 무늬 병징이 특징이다.

038

내화력이 강한 수종으로 옳은 것은?

① 사철나무, 피나무
② 분비나무, 녹나무
③ 가문비나무, 삼나무
④ 사시나무, 아까시나무

해 사철나무, 피나무, 은행나무, 분비나무, 가시나무, 고로쇠나무, 가문비나무, 굴거리나무, 참나무는 산불에 견디는 힘(내화력)이 강한 수종이다. 하지만 녹나무, 소나무, 해송, 편백, 아까시나무는 내화력이 약하다.

039

우리나라에서 발생하는 주요 소나무류 잎녹병균의 중간기주가 아닌 것은?

① 잔대
② 현호색
③ 황벽나무
④ 등골나물

해 현호색, 낙엽송, 줄꽃주머니는 포플러류 잎녹병의 중간기주다.

040

선충에 대한 설명으로 옳지 않은 것은?

① 기생성 선충과 비기생성 선충이 있다.
② 대부분이 잎에 기생하며 잎의 즙액을 먹는다.
③ 선충에 의한 수목병은 뿌리썩이선충병과 소나무재 선충병 등이 있다.
④ 기생 부위에 따라 내부기생, 외부기생, 반내부기생선충으로 나눌 수 있다.

해 뿌리에 기생하며 뿌리혹을 만들거나 뿌리를 썩게 하고, 종자를 가해하는 등 잎 뿐만 아니라 줄기, 뿌리 모두 가해한다.

041

2행정 내연기관에서 외부의 공기기 그랭그실로 유입되는 원리로 옳은 것은?

① 피스톤의 흡입력
② 기화기의 공기펌프
③ 크랭크축 운동의 원심력
④ 크랭크실과 외부와의 기압차

해 피스톤 상승 시 실린더가 밀폐되고 크랭크실은 진공이 되면서 외부와의 기압차로 공기(혼합기)가 유입된다.

042

기계톱에 사용하는 윤활유에 대한 설명으로 옳은 것은?
① 윤활유 SAE 20W 중 W는 중량을 의미한다.
② 윤활유 SAE 30 중 SAE는 국제자동차협회의 약자이다.
③ 윤활유의 점액도 표시는 사용 외기온도로 구분된다.
④ 윤활유 등급을 표시하는 번호가 높을수록 점도가 낮다.

해 W는 'Winter'(겨울)을 의미하며, 낮은 온도에서도 성능을 발휘한다는 의미이다. SAE는 Society of Automotive Engineers(미국자동차기술자협회)의 약자이다. 윤활유 점액도 표시는 외기사용 온도조건에 따라 구분되며 번호가 낮은 것은 점도가 작고 낮은 기온에서 사용하며, 번호가 높은 것은 점도가 높아 높은 온도조건에서 사용한다.

043

내연기관에서 연접봉(커넥팅 로드)이란?
① 크랭크 양쪽으로 연결된 부분을 말한다.
② 엔진의 파손된 부분을 용접하는 봉이다.
③ 크랭크와 피스톤을 연결하는 역할을 한다.
④ 엑셀 레버와 기화기를 연결하는 부분이다.

해 커넥팅 로드는 크랭크축과 피스톤을 연결하는 부품으로 피스톤의 상하왕복 운동을 크랭크축의 회전운동으로 바꾸어 전달하는 역할을 한다.

044

기계톱의 에어필터를 청소하고자 할 때 가장 적합한 것은?
① 물
② 오일
③ 휘발유
④ 휘발유와 오일 혼합액

해 기계톱의 에어필터를 청소할 때는 휘발유를 사용한다.

045

기계톱 작업 중 소음이 발생하는데 이에 대한 방음 대책으로 옳지 않은 것은?
① 작업시간 단축
② 방음용 귀마개 사용
③ 머플러(배기구) 개량
④ 안전복 및 안전화 착용

해 안전복입고 안전화 착용한다고 소음이 방지되지는 않는다.

046

디젤기관의 특징이 아닌 것은?
① 압축열에 의한 자연발화 방식이다.
② 연료는 윤활유와 함께 혼합하여 넣는다.
③ 진동 및 소음이 가솔린기관에 비해 크다.
④ 배기가스 온도가 가솔린기관에 비해 낮다.

해 연료를 윤활유와 혼합하여 넣는 것은 2행정 가솔린 기관의 특징이다.

047

기계톱에서 깊이 제한부의 주요 역할은?
① 톱날 보호
② 절삭 두께 조절
③ 톱날 연결 고정
④ 톱날 속도 조절

해 깊이제한부는 절삭 두께를 조절하는 역할을 한다.

048

예불기 구성요소인 기어 케이스 내 그리스(윤활유)의 교환은 얼마 사용 후 실시하는 것이 가장 효과적인가?
① 10시간
② 20시간
③ 50시간
④ 200시간

해 예불기 기어케이스 내 그리스 교환 시기는 20시간이다.

049

무육작업용 장비로 활용하기 가장 부적합한 것은?
① 손도끼
② 전정가위
③ 재래식 낫
④ 가지치기 톱

해 손도끼는 조림용으로 묘목의 긴 뿌리의 단근작업에 이용되며, 짧은 시간에 많은 뿌리를 자를 수 있다. 무육작업용 도구로는 부적합하다.

050

산림용 기계톱에 사용하는 연료의 배합기준 (휘발유 : 엔진오일)으로 가장 적합한 것은?

① 25 : 1
② 4 : 1
③ 1 : 25
④ 1 : 4

해 기계톱 연료의 배합기준 휘발유 : 엔진오일 = 25 : 1

051

삼각톱니의 젖히기에 대한 설명으로 옳지 않은 것은?

① 침엽수는 활엽수보다 많이 젖혀 준다.
② 나무와의 마찰을 줄이기 위한 것이다.
③ 젖힘의 크기는 0.2~0.5mm가 적당하다.
④ 톱니 뿌리선으로부터 1/3지점을 중심으로 젖혀준다.

해 톱니 뿌리선으로부터 2/3지점을 중심으로 젖혀준다. 강도가 높은 활엽수용은 젖힘 크기를 작게 해서 (0.2mm) 날카롭게 하고, 강도가 대체로 무른 침엽수용은 더 많이 젖혀준다.(0.5mm)

052

임업용 기계톱의 엔진을 냉각하는 방식으로 주로 사용되는 것은?

① 공냉식
② 수냉식
③ 호퍼식
④ 라디에이터식

해 기계톱 엔진 냉각 방식은 주로 공냉식이다.

053

분해된 기계톱의 체인 및 안내판을 다시 결합할 때 제일 먼저 해야 될 사항은?

① 스프라켓에 체인이 잘 걸려있는지 확인한다.
② 체인장력 조정나사를 시계 방향으로 돌려 체인장력을 조절한다.
③ 체인을 스프라켓에 걸고 안내판의 아래쪽 큰 구멍을 안내판 조정핀에 끼운다.
④ 체인장력 조정나사를 시계 반대 방향으로 돌려 장력조절핀을 안쪽으로 유도시킨다.

해 체인 및 안내판을 결합 시 체인장력 조정나사를 시계 반대방향으로 돌려 장력조절핀은 안쪽으로 유도시킨다.

054

벌목작업 도구 중에서 쐐기는?

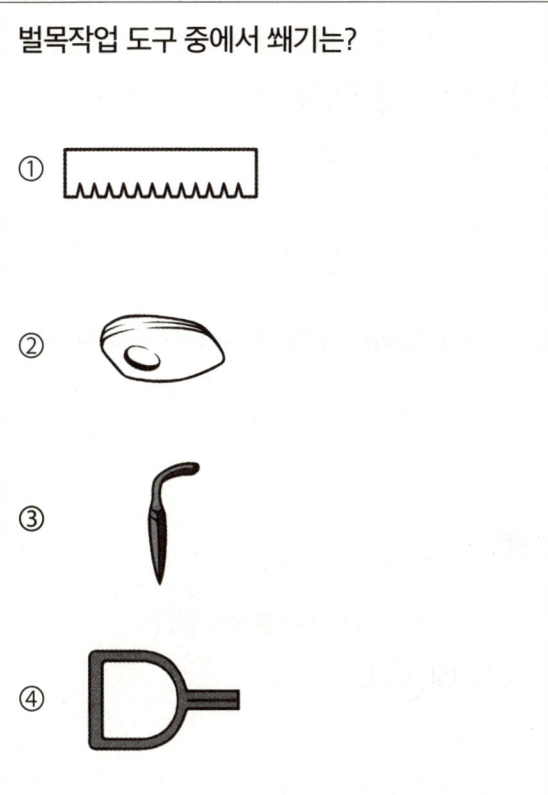

해 2번이 쐐기이다. 쐐기는 톱이 끼이지 않도록 하며 벌목 방향을 결정할 때 쓰인다.

055

벌도와 벌도목을 모아 쌓는 기능이 주목적으로 가지 제거나 절단 기능은 없는 임업기계는?

① 스키더
② 펠러번쳐
③ 하베스터
④ 프로세서

해 펠러번쳐(feller buncher)는 이름에서 알 수 있듯이 나무를 베어 넘어뜨리는 "feller"로서의 기능과 벌도목을 다발로 모아 쌓는 "buncher"로서의 기능을 가지고 있으나 가지제거나 절단 기능은 없는 임업기계이다. 가지치기, 조재작업까지 한번에 하는 것은 하베스터다.

056

산림작업의 벌출공정 구성요소로 옳지 않은 것은?

① 조사
② 벌목
③ 조재
④ 집재

해 벌출공정은 벌목부터 조재, 집재, 운재로 구성된다.

057

산림작업 도구에 대한 설명으로 옳지 않은 것은?

① 도구의 손잡이는 사용자의 손에 잘 맞아야 한다.
② 작업자의 힘이 최대한 도구의 날 부분에 전달될 수 있어야 한다.
③ 도구의 자루에 사용되는 재료는 열전도율이 높고 탄력이 좋아야 한다.
④ 도구의 날과 자루는 작업 시 발생하는 충격을 작업자에게 최소한으로 줄일 수 있어야 한다.

해 자루의 재료는 열전도율이 낮고 탄력이 있어야 한다.

058

산림용 기계톱 구성요소인 쏘체인(sawchain)의 톱날 모양으로 옳지 않은 것은?

① 리벳형(rivet)
② 안전형(safety)
③ 치젤형(chisel)
④ 치퍼형(chipper)

해 chipper는 대패를 뜻하고 대패형을 치퍼형이라고도 부르며, chisel은 끌을 뜻하여 끌형을 치즐형, 치젤형 등으로 바꿔 부른다. 안전형은 있지만 리벳형이란 것은 없다.

059

산림작업 시 준수할 사항으로 옳지 않은 것은?

① 안전장비를 착용한다.
② 규칙적으로 휴식한다.
③ 가급적 혼자서 작업한다.
④ 서서히 작업속도를 높인다.

해 반드시 2인이상 작업하며 혼자서 작업하지 않는다.

060

전문 벌목용 기계톱에서 본체의 일반적인 수명은?

① 약 150시간
② 약 450시간
③ 약 600시간
④ 약 1500시간

해 기계톱 본체의 일반적인 수명은 1,500시간이다.

빈출 모의고사

001

소나무의 용기묘 생산에 대한 설명으로 옳지 않은 것은?
① 시비는 관수와 함께 실시한다.
② 겨울에는 생장을 하지 않으므로 관수하지 않는다.
③ 육묘용 비료는 하이포넥스(Hyponex)나 BS 그린을 사용한다.
④ 피트모스, 펄라이트, 질석을 1 : 1 : 1의 비율로 상토를 제조한다.

해 겨울에도 용기묘를 생산하는 시설내부는 난방과 일광으로 수분 증발량이 많으므로 수시로 관수를 해주어야 한다.

002

예비벌을 실시하는 주요 목적으로 거리가 먼 것은?
① 벌채목의 반출 용이
② 잔존목의 결실 촉진
③ 부식질의 분해 촉진
④ 어린나무 발생에 적합한 환경 조성

해 예비벌은 산벌작업에서 식생의 발생준비를 위한 작업으로 잔존목의 결실과 부식질의 분해를 촉진시키고, 어린나무 발생에 적합한 환경을 조성하는 것을 말한다. 벌채목의 반출과는 상관없다.

003

종자 발아시험 기간이 가장 긴 수종들로 짝지어진 것은?
① 소나무, 삼나무
② 곰솔, 사시나무
③ 버드나무, 느릅나무
④ 일본잎갈나무, 가문비나무

해 소나무, 삼나무, 일본잎갈나무(낙엽송)의 종자 발아시험 기간은 28일 정도로 사시나무(14일), 느릅나무(14일), 가문비나무(21일) 등 보다 발아시험 기간이 길다.

004

침엽수 가지치기 방법으로서 적당한 것은?

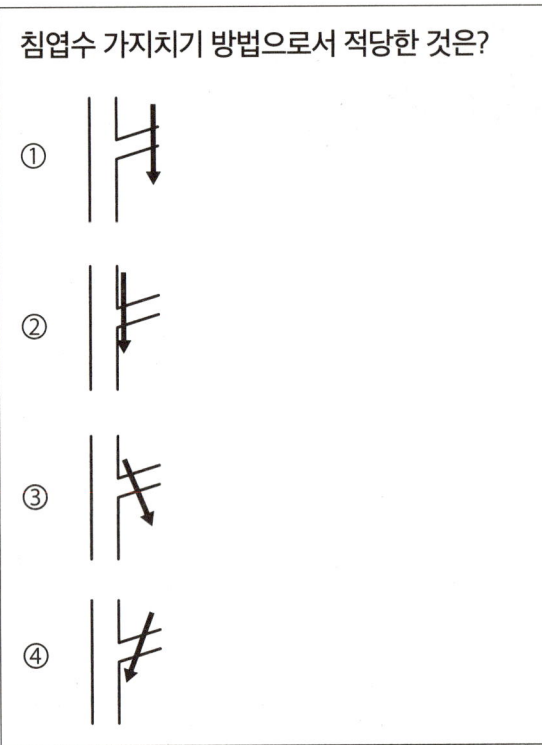

해 ② 침엽수는 절단면이 줄기와 평행하도록 자른다.

005

묘포지 선정 요건으로 거리가 먼 것은?
① 교통이 편리한 곳
② 양토나 사질양토로 관배수가 용이한 곳
③ 1~5°정도의 경사지로 국부적 기상피해가 없는 곳
④ 토지의 물리적 성질보다 화학적 성질이 중요하므로 매우 비옥한 곳

해 묘포지 선정 시 토양은 물리적 성질이 중요하다. (사질양토가 적합)

006

구과가 성숙한 후에 10년 이상이나 모수에 부착되어 있어 종자의 발아력이 상실되지 않고 산불이 나면 인편이 열리는 수종은?
① 편백
② 소나무
③ 잣나무
④ 방크스소나무

해 방크스소나무에 대한 설명이다.

암기 TIP! 산불 시 방크스(방긋) 인편이 열린다.

007

개화한 다음 해에 결실하는 수종으로만 짝지어 진 것은?
① 소나무, 자작나무
② 전나무, 아까시나무
③ 오리나무, 버드나무
④ 삼나무, 가문비나무

해 소나무, 자작나무, 아까시나무는 격년으로 결실을 맺는다. 오리나무, 버드나무, 포플러류는 매년 결실을 맺는 수종이다. 삼나무는 2~3년, 전나무, 가문비나무의 결실주기는 3~4년이다.

008

수종별 무기양료의 요구도가 적은 것에서 큰 순서로 나열된 것은?

① 백합나무 < 자작나무 < 소나무
② 자작나무 < 백합나무 < 소나무
③ 소나무 < 자작나무 < 백합나무
④ 소나무 < 백합나무 < 자작나무

해 일반적으로 활엽수는 침엽수보다 더 많은 양분을 요구한다.

009

파종상에서 2년, 판갈이 상에서 1년 된 만 3년생의 묘목의 표기 방법은?

① 1 - 2
② 2 - 1
③ 1 - 1 - 1
④ 1 - 0 - 2

해 파종상 2년, 판갈이 상 1년의 묘목 표기는 2 - 1

010

미래목의 구비 요건으로 틀린 것은?

① 피압을 받지 않은 상층의 우세목
② 나무줄기가 곧고 갈라지지 않은 것
③ 병충해 등 물리적인 피해가 없을 것
④ 주위 임목보다 월등히 수고가 높은 것

해 미래목은 향후 경제적인 가치를 띨 것으로 보여, 계속 키우는 나무로 주위 임목보다 월등히 수고가 높을 필요는 없다.

011

인공조림과 비교한 천연갱신의 특징이 아닌 것은?

① 생산된 목재가 균일하다.
② 조림실패의 위험이 적다.
③ 숲 조성에 시간이 걸린다.
④ 생태계 구성원 보호에 유리하다.

해 천연갱신은 말그대로 자연의 힘으로 갱신하는 것으로 이령혼효림으로 구성되는 반면, 인공조림은 동령단순림을 이루며 생산된 목재가 균일한 특징을 가진다.

012

T/R율에 대한 설명으로 틀린 것은?

① T/R율의 값이 클수록 좋은 묘목이다.
② 묘목의 지상부와 지하부의 중량비이다.
③ 질소질 비료를 과용하면 T/R율의 값이 커진다.
④ 좋은 묘목은 지하부와 지상부가 균형 있게 발달해 있다.

해 T/R율은 지상부(Top)과 지하부(Root)의 비율로 수치가 클수록 지상수관부가 뿌리부보다 왕성하다는 의미로 좋은 묘목이라고 볼 수 없다. T/R율은 1에 가깝거나 다른 조건이 같다면 1보다 적은 것이 좋은 묘목이다.

013

모수작업의 모수본수보다 많은 모수를 수광생장을 촉진시켜 다음 벌기에 대경재를 생산하면서 갱신을 동시에 실시하는 방법은?

① 택벌작업
② 중림작업
③ 개벌작업
④ 보잔목작업

해 보잔목작업은 윤벌기까지 어미나무를 보존하는 모수작업의 변법이라 할 수 있다. 보잔목작업 역시 모수작업과 비슷한 과정으로 작업하며 종자가 비교적 가벼워 잘 날아갈 수 있는 수종에만 적용될 수 있다.(소나무, 해송)

014

주로 뿌리를 이용하여 삽목하는 수종은?

① 삼나무
② 동백나무
③ 오동나무
④ 사철나무

해 오동나무는 옛날부터 주로 뿌리 삽목을 통해 번식시켜왔다.

015

솎아베기가 잘된 임지, 유령림 단계에서 집약적으로 관리된 임분에서 생략이 가능한 산벌작업과정은?

① 후벌
② 종벌
③ 하종벌
④ 예비벌

해 예비벌은 산벌작업에서 식생의 발생준비를 위한 작업으로 솎아베기가 잘된 임지, 유령림 단계에서 집약적으로 관리된 임분에서 생략이 가능하다.

016

낙엽송(묘령 2년)의 곤포당 본수는?
① 100
② 200
③ 500
④ 1000

해 묘령 2년 낙엽송의 곤포당 본수는 500본이다. 속수는 25속, 속당본수는 20본으로 한다.

017

용기묘(pot seeding)에 대한 설명으로 틀린 것은?
① 제초작업이 생략될 수 있다.
② 묘포의 적지조건, 식재 시기 등이 큰 문제가 되지 않는다.
③ 묘목의 생산비용이 많이 들고 관수 시설이 필요하다.
④ 운반이 용이하여 운반비용이 매우 적게 든다.

해 일반묘에 비해 용기묘(포트묘)는 운반비용이 많이 든다.

018

다음 중 교목(또는 고목)에 해당하는 수종은?
① 개나리
② 회양목
③ 소나무
④ 반송

해 소나무는 상록교목이며 개나리, 회양목, 반송은 관목이다. "교목"이라 함은 다년생 목질인 곧은 줄기가 있고, 줄기와 가지의 구별이 명확하여 중심줄기의 신장생장이 뚜렷한 수목을 말한다. "상록교목"이라 함은 소나무·잣나무·측백나무 등 사계절 내내 푸른 잎을 가지는 교목을 말한다.

019

다음 중 묘령의 표시에 대한 설명이 맞지 않는 것은?
① 2 - 0묘 : 상체된 일이 없는 2년생 묘
② 1 - 1묘 : 파종상에서 1년이 경과된 후 한 번 상체되어 1년이 지난 묘
③ 1/2묘 : 삽목 후 반년(6개월)이 경과한 묘
④ 1/1묘 : 뿌리의 나이가 1년 줄기의 나이가 1년인 묘

해 1/2묘는 지하부(뿌리)의 나이가 2년, 지상부(줄기)의 나이가 1년인 삽목묘로 1/1묘의 줄기를 한번 절단한 후 1년이 지나면 1/2묘가 된다.

020

다음 중 개벌작업의 장점에 해당되는 것은?

① 재해에 대한 저항성이 증대된다.
② 지력유지 및 치수보호상 유리하다.
③ 풍치유지 및 수원함양기능이 증대된다.
④ 생산재의 품질이 균일하고 벌목작업이 단순하다.

해 개벌작업(皆伐作業)은 작업 관리단위 또는 숲 전체의 나무를 한꺼번에 베어 낸 후 씨를 뿌리거나 나무를 심어 원래와 같은 숲을 만드는 작업으로 보통 양수수종에 적용하는 방법으로 개벌작업 후에는 일제 동령림을 형성하게 된다. 실행이 쉽고 빠르지만 임지가 노출되어 황폐해지거나 표토유실 등 재해 피해에 취약한 단점이 있다.

021

풀베기를 끝낸 후 조림지에서 칡이나 머루 등의 식물을 제거하는 작업은?

① 간벌
② 제벌
③ 가지치기
④ 덩굴치기

해 덩굴치기에 대한 설명이다.

022

산벌작업 중 어린 나무의 높이가 1~2m 가량이 되면 후계목의 생육을 촉진시키기 위해 상층에 있는 나무를 모조리 베어 버리는 작업은?

① 예비벌
② 하종벌
③ 수광벌
④ 후벌

해 후벌에 대한 설명이다.

① 예비벌
: 식생의 발생준비를 위한 작업으로 임목의 결실을 촉진 시키는 벌채이다. 유령림 단계에서부터 집약적으로 관리된 임분이나 솎아베기가 잘 된 임지의 경우에는 예비벌을 생략가능하다.

② 하종벌
: 치수의 발생을 완성하는 벌채작업으로 예비벌 실시 후 3~5년 경과 후 종자가 충분히 성숙되었을 때 하종벌을 실시하여 다량의 종자를 낙하시켜 한꺼번에 발아시킨다.

③ 수광벌
: 생장이 왕성한 나무에게 충분한 양분과 햇빛을 주기 위하여 주위의 잘 자라지 않는 초목들을 잘라 내는 일이다.

023

제벌을 설명한 것 중 틀린 것은?
① 조림지의 경우 쓸모없는 침입수종을 제거한다.
② 임분 전체의 형질을 향상시키는데 목적이 있다.
③ 수관 간의 경쟁이 시작되는 시점에 실시한다.
④ 임상을 정비하여 불량목과 불량품종을 다 제거하여 간벌작업이 필요 없게 된다.

해 제벌은 목표수종 이외의 것을 제거하는 것이 주목적이며, 형질이 나쁜 장래성이 없는 불량목과 불량품종을 제거하는 것은 맞지만 제벌 후 일정 크기 이상으로 자랐을 때 비교적 굵은 나무들을 다시 솎아내는 간벌이 필요하다.

024

우리나라 산지에서 수목에 가장 피해를 많이 주는 덩굴식물은?
① 머루덩굴
② 칡덩굴
③ 다래덩굴
④ 담쟁이덩굴

해 우리나라 산지에서 수목에 가장 피해를 많이 주는 덩굴식물은 칡덩굴로 어릴 때 캐내는 것이 좋다.

025

토양의 단면도를 보았을 때 위쪽에서 아래쪽으로의 순서가 맞게 배열된 것은?
① 표토층 → 모재층 → 심토층 → 유기물층
② 표토층 → 유기물층 → 심토층 → 모재층
③ 유기물층 → 표토층 → 심토층 → 모재층
④ 유기물층 → 표토층 → 모재층 → 심토층

해 표토층은 용탈층, 심토층은 집적층으로 부르기도 하며, 토양 단면은 위에서부터 유기물층 → 표토층 → 심토층 → 모재층 순서로 암기한다.

암기 TIP! 유표심모

026

바이러스에 의하여 발병하는 것은?
① 청변병
② 불마름병
③ 뿌리혹병
④ 모자이크병

해 바이러스병의 병징은 주로 모자이크 무늬로 나타난다.

027

향나무를 중간기주로 하여 기주교대를 하는 병은?

① 잣나무털녹병
② 밤나무 줄기마름병
③ 대추나무빗자루병
④ 배나무 붉은별무늬병

해 배나무 붉은별무늬병, 사과나무 붉은별무늬병은 향나무를 중간기주로 기주교대를 한다.

028

성충 및 유충 모두가 나무를 가해하는 것은?

① 솔나방
② 솔잎혹파리
③ 미국흰불나방
④ 오리나무잎벌레

해 오리나무잎벌레의 유충은 잎 뒷면에서 잎살을 먹다가 성장하면서 나무 전체로 분산하여 식해한다. 월동한 성충은 4월 하순부터 나와 새잎을 잎맥만 남기고 잎살을 먹으며 생활한다. 피해 증상은 7~8월이면 잎이 밑에서부터 빨갛게 변해 멀리서도 눈에 띈다.

암기 TIP! 오리가족은 아이, 어른 할 것 없이 모두 잎을 갉아 먹는다!

029

묘포에서 지표면 부분의 뿌리 부분을 주로 가해하는 곤충류는?

① 솜벌레과
② 풍뎅이과
③ 혹파리과
④ 유리나방과

해 풍뎅이 유충은 땅속에서 서식하면서 주로 뿌리를 가해한다. 심한 경우 수세를 쇠퇴시켜 신장을 나쁘게 하고 과실에도 영향을 준다.

030

곤충과 거미의 차이에 대한 설명으로 옳은 것은?

① 다리의 경우 곤충과 거미 모두 3쌍이다.
② 더듬이의 경우 곤충은 1쌍이고, 거미는 2쌍이다.
③ 날개의 경우 곤충은 보통 2쌍이고, 거미는 1쌍이거나 없다.
④ 곤충은 머리, 가슴, 배의 3부분이고, 거미는 머리가슴, 배의 2부분으로 구분된다.

해 거미는 거미강 거미목의 절지동물이다. 거미의 다리는 4쌍이며, 더듬이 대신 더듬이 다리가 있다. 곤충의 날개는 보통 2쌍이나, 거미는 날개가 없다. 곤충은 머리, 가슴, 배의 3부분이고, 거미는 머리가슴, 배의 2부분으로 구분된다.

031

연 1회 발생하며 9월 하순 유충이 월동하기 위해 나무에서 땅으로 떨어지는 해충은?

① 소나무좀
② 솔잎혹파리
③ 미국흰불나방
④ 오리나무잎벌레

해 솔잎혹파리에 대한 설명이다. 키워드는 "유충으로 월동", 소나무좀과 오리나무잎벌레는 성충으로 월동하며 미국흰불나방은 번데기로 월동한다.

032

벚나무빗자루병의 병원체는?

① 세균
② 자낭균
③ 바이러스
④ 파이토플라스마

해 벚나무 빗자루병은 자낭균에 의해 발병한다.

033

다음 중 솔나방의 주요 가해 부위는?

① 소나무 잎
② 소나무 뿌리
③ 소나무 줄기
④ 소나무 종자

해 솔나방의 유충인 송충이는 주로 잎을 갉아먹는다.

034

산불에 의한 피해 및 위험도에 대한 설명으로 옳지 않은 것은?

① 침엽수는 활엽수에 비해 피해가 심하다.
② 음수는 양수에 비해 산불위험도가 낮다.
③ 단순림과 동령림이 혼효림 또는 이령림보다 산불의 위험도가 낮다.
④ 낙엽활엽수 중에서 코르크층이 두꺼운 수피를 가진 수종은 산불에 강하다.

해 단순림과 동령림은 혼효림 또는 이령림보다 산불의 위험도가 높다.

035

아바멕틴 유제 1000배액을 만들려면 물 18L에 몇 ml를 타아하는가?

① 0.018
② 1.8
③ 18
④ 180

해 응애류 방제에 쓰이는 아바멕틴의 **약량**은 **물**량을 희석**배수**로 나누어 구한다.

> 암기 TIP! 약제의 약량공식 = 물 / 배수

약량 = 18,000ml / 1000배 = 18ml

036

진딧물의 화학적 방제법 중 천적보호에 유리한 방제약제로 가장 좋은 것은?

① 훈증제
② 기피제
③ 접촉 살충제
④ 침투성 살충제

해 침투성 살충제란 식물의 일부에 도포 시에도 전체로 퍼져나간다. 보통 흡즙성 해충의 방제에 효과적이며 천적을 보호할 수 있는 장점이 있다.

037

곤충이 생활하는 도중에 환경이 좋지 않으면 발육을 멈추고 좋은 환경이 될 때까지 임시적으로 정지하는 현상으로 정상으로 돌아오는 데 다소 시간이 걸리는 것은?

① 휴면
② 이주
③ 탈피
④ 휴지

해 휴면에 대한 설명이다.

038

균류 병원균이 과습한 토양에서 묘목 뿌리로 침입하여 발생하는 것은?

① 반점병
② 탄저병
③ 모잘록병
④ 불마름병

해 모잘록병은 주로 어린 묘에 발생하며 과습한 토양에서 묘목 뿌리로 침입하며, 종자를 썩게 하고, 발아 후 어린 묘에 잘록 증상과 시들음 혹은 마름 증상을 일으킨다.

039

주로 나무의 상처부위로 병원균이 침입하여 발병하는 것으로 상처부위에 올바른 외과 수술을 해야 하며, 저항성 품종을 심어 방제하는 병은?

① 향나무 녹병
② 소나무 잎떨림병
③ 밤나무 줄기마름병
④ 삼나무 붉은마름병

해 밤나무 줄기마름병은 배수불량한 곳과 수세가 약한 경우 피해가 심하므로 유의하며, 가지치기나 기타 인위적 상처를 가했을 때, 또는 초기의 병반이 발생하였을 때에는 병든 부분을 도려내고 지오판 도포제를 발라준다. 비료주기는 적기(適期)에 하며 질소질비료의 과용을 피하고 동해(凍害)나 피소(皮燒)를 막기 위하여 백색페인트를 발라준다. 박쥐나방 등 천공성해충의 피해가 없도록 살충제를 살포하며 저항성품종(단택, 이취, 삼초생, 금추등)을 식재한다.

040

이른 봄에 수목의 발육이 시작된 후에 갑자기 내린 서리에 의해 어린잎이 받는 피해는?
① 조상
② 만상
③ 동상
④ 춘상

해 만상(晩霜)은 봄철인 4월경 수목의 발육이 이미 시작된 후 늦서리(late frost)로 맑게 갠 날 밤 온도가 영하로 떨어지면서 갑자기 내린 늦서리에 의해 새순과 잎, 꽃이 하룻밤 사이에 시들게 되는 현상이다. 반면에 조상(早霜)은 이른 첫서리(early frost)라는 의미로, 따뜻한 가을날 수목이 계속 생장하면서 아직 내한성을 가지고 있지 않을 때, 갑자기 첫서리가 내려 피해를 받는 것을 뜻한다.

041

농약의 물리적 형태에 따른 분류가 아닌 것은?
① 유제
② 분제
③ 전착제
④ 수화제

해 유제, 분제, 수화제는 물리적 형태에 따른 분류가 맞지만 전착제는 농약의 효력을 높이기 위해 사용하는 보조제로 농약에 섞어 고착성, 확전성, 현수성을 높이기 위해 쓰인다.

042

포플러류 잎의 뒷면에 초여름 오렌지색의 작은 가루덩이가 생기고, 정상적인 나무보다 먼저 낙엽이 지는 현상이 나타나는 병은?
① 잎녹병
② 갈반병
③ 잎마름병
④ 점무늬잎떨림병

해 잎녹병에 대한 설명이다. 대표적으로 포플러잎녹병이 있으며 병원균이 침입하면 초여름에 잎 뒷면에 오렌지색의 작은 가루덩이가 생기고, 정상적인 잎보다 1~2개월 일찍 낙엽 되어 나무의 생장이 크게 감소하나 급속히 말라 죽지는 않는다.

043

솔나방의 발생 예찰을 하기 위한 방법 중 가장 좋은 것은?
① 산란수를 조사한다.
② 번데기의 수를 조사한다.
③ 산란기 기상 상태를 조사한다.
④ 월동하기 전 유충의 밀도를 조사한다.

해 솔나방은 주로 유충(송충이)이 가을과 이듬해 봄 두차례 소나무를 가해한다. 따라서 전년 10월경 유충이 월동하기 전의 유충밀도를 조사하는 것이 다음해 솔나방 발생 예찰의 가장 좋은 방법이다.

044

농약의 독성에 대한 설명으로 옳지 않은 것은?
① 경구와 경피에 투여하여 시험한다.
② 농약의 독성은 중위치사량으로 표시한다.
③ LD_{50}은 시험동물의 50%가 죽는 농약의 양을 뜻한다.
④ 농약의 독성은 [농약의 양(mg) / 시험동물의 체적(m^3)]으로 표시한다.

해 농약의 독성은 피실험동물에 실험대상물질을 투여할 때 피실험동물의 절반이 죽게 되는 양, 즉 반수치사량(LD_{50})으로 표시한다.

045

잣나무 털녹병균의 침입 부위는?
① 잎
② 줄기
③ 종자
④ 뿌리

해 잣나무 털녹병균의 침입 부위는 잣나무류 잎의 기공(氣孔)이다. 기공을 통하여 침입한 다음 줄기로 전파하며, 잎에는 황색의 반점을 형성한다.

046

체인톱에 의한 벌목작업의 기본원칙으로 옳지 않은 것은?
① 벌목작업 시 도피로를 정해둔다.
② 걸린 나무는 지렛대 등을 이용하여 넘긴다.
③ 벌목방향은 집재하기가 용이한 방향으로 한다.
④ 벌목영역은 벌도목을 중심으로 수고의 1.2배에 해당한다.

해 ④ 벌목영역은 벌도목을 중심으로 수고의 2배에 해당한다.

047

벌목 방법의 순서로 옳은 것은?

① 벌목 방향 설정 - 수구자르기
  - 추구자르기 - 벌목
② 벌목 방향 설정 - 추구자르기
  - 수구자르기 - 벌목
③ 수구자르기 - 추구자르기
  - 벌목 방향 설정 - 벌목
④ 추구자르기 - 수구자르기
  - 벌목 방향 설정 - 벌목

해 벌목 순서는 먼저 벌목 방향을 결정하고 수구를 만들고 반대 방향에 추구를 만들어 자르게 되면 벌목 방향으로 나무가 넘어가게 된다.

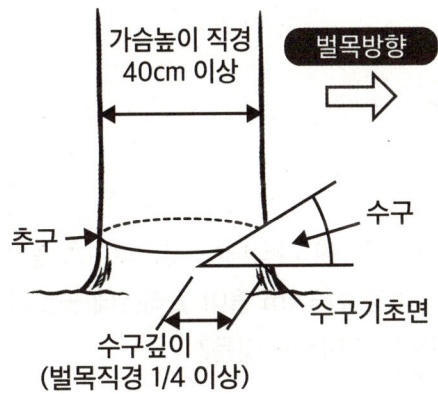

048

체인톱의 평균 수명과 안내판의 평균 수명으로 옳은 것은?

① 1000시간, 300시간
② 1500시간, 450시간
③ 2000시간, 600시간
④ 2500시간, 700시간

해 체인톱 평균수명(엔진 가동 기준)은 1,500시간 정도이며, 안내판의 평균 수명은 450시간 정도이다.

049

2사이클 가솔린엔진의 휘발유와 윤활유의 적정 혼합비는?

① 5 : 1
② 1 : 5
③ 25 : 1
④ 1 : 25

해 2행정 가솔린 기관의 휘발유와 윤활유의 비는 25 : 1

050

예불기의 톱이 회전하는 방향은?

① 시계 방향
② 좌우 방향
③ 상하 방향
④ 반시계 방향

해 예불기 톱은 반시계 방향으로 회전한다.

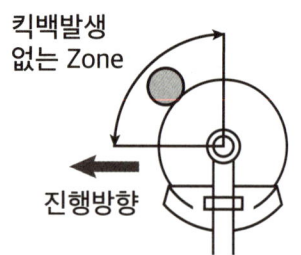
올바른 예 [우측에서 좌측으로]

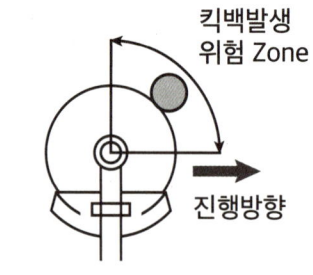
잘못된 예 [좌측에서 우측으로]

051

체인톱의 체인오일을 급유하는 과정에서 묽은 윤활유를 사용하게 되었을 때 나타나는 가장 주된 현상은?

① 가이드바의 마모가 빨리된다.
② 엔진의 내부가 쉽게 마모된다.
③ 엔진이 과열되어 화재 위험이 높다.
④ 체인톱날이 수축되어 회전속도가 감소한다.

해 점도가 낮은 묽은 윤활유를 사용 시 가이드 바의 마모가 빨라진다. 적정한 끈적임의 점도를 가진 윤활유를 사용해야 가이드바와 체인 사이 윤활작용을 통해 마찰을 줄여 가이드바 마모를 방지 할 수 있다.

052

엔진의 성능을 나타내는 것으로 1초 동안에 75kg의 중량을 1m 들어 올리는데 필요한 동력단위를 의미하는 것은?

① 강도
② 토크
③ 마력
④ RPM

해 1마력은 75kg의 물체를 지구 중심부로 끌어당기는 중력가속도 $9.8m/s^2$를 거슬러서 1초동안 1m 들어 올리는데 필요한 동력단위를 말한다. 마력은 영국 기준으로 1 HP = 745.7W이며, 독일과 프랑스 기준으로는 1 PS(pferdestärke) = 735.5W이다.

053

예불날의 종류에 따른 예불기의 분류가 아닌 것은?
① 회전날식 예불기
② 로터리식 예불기
③ 왕복요동식 예불기
④ 나일론코드식 예불기

해 예불기날에 따라 예불기를 구분하면 회전날식, 왕복요동식, 나일론코드식으로 구분 가능하지만 로터리식은 날에 따른 구분이 아닌 구동형식에 따른 구분이다.

054

무육 작업을 위한 도구로 가장 거리가 먼 것은?
① 쐐기
② 보육낫
③ 이리톱
④ 가지치기 톱

해 쐐기는 벌목 작업에 쓰이는 도구이다.

055

산림작업용 도끼의 날을 관리하는 방법으로 옳지 않은 것은?
① 아치형으로 연마하여야 한다.
② 날카로운 삼각형으로 연마하여야 한다.
③ 벌목용 도끼의 날의 각도는 9~12도가 적당하다.
④ 가지치기용 도끼의 날의 각도는 8~10도가 적당하다.

해 산림작업용 도끼를 날카로운 삼각형으로 연마 시 도끼날이 끼이기 쉽다.

056

체인톱에 사용되는 연료인 혼합유를 제조하기 위해 휘발유와 함께 혼합하는 것은?
① 그리스
② 방청유
③ 엔진오일
④ 기어오일

해 체인톱에 사용되는 연료인 혼합유는 휘발유와 엔진오일(윤활유)를 25 : 1의 비율로 섞어서 만든다.

057

활엽수 벌목작업 시 손톱의 삼각형 톱니날 젖힘 크기로 가장 적당한 것은?

① 0.1~0.2mm
② 0.2~0.3mm
③ 0.3~0.5mm
④ 0.5~0.6mm

해 활엽수 톱니날의 젖힘크기는 약 0.2~0.3mm가 적당하다.(침엽수는 약 0.5mm정도로 더 많이 젖혀준다.)

058

4행정기관과 비교한 2행정기관의 특징으로 옳지 않은 것은?

① 연료 소모량이 크다.
② 저속운전이 곤란하다.
③ 동일배기량에 비해 출력이 작다.
④ 혼합연료 이외에 별도의 엔진오일을 주입하지 않아도 된다.

해 2행정기관은 4행정기관보다 동일배기량에 대한 출력이 크다.(약 1.6~1.7배)

059

체인톱의 장기 보관 시 처리하여야 할 사항으로 옳지 않은 것은?

① 연료와 오일을 비운다.
② 특수오일로 엔진을 보호한다.
③ 매월 10분 정도 가동시켜 건조한 방에 보관한다.
④ 장력 조정나사를 조정하여 체인을 항상 팽팽하게 유지한다.

해 체인톱을 장기간 보관할 때는 연료와 오일을 반드시 비우고, 특수오일로 엔진을 보호하는 것도 좋은 방법이다. 매월 10분 정도는 가동시켜 건조한 방에 보관한다. 장기보관 시에는 체인장력을 팽팽하게 유지할 필요가 없다.

060

체인톱의 안전장치가 아닌 것은?

① 체인잡이
② 핸드가드
③ 방진고무
④ 체인장력 조절장치

해 체인톱의 안전장치로는 체인잡이, 핸드가드, 방진고무, 손보호판, 체인브레이크, 완충스파이크, 스로틀레버차단판, 체인덮개, 소음기 등이 있다. 체인장력 조정장치는 안전장치가 아니다.

〈파이팅혼공TV〉
PD 혼공쌤

약력 및 경력

- 고려대학교 졸업
- (주) 엔제이인사이트 대표이사
- 자격증 전문 유튜브채널 〈파이팅혼공TV〉 운영자
- 파이팅혼공TV 지게차 운전기능사 필기 한방에 정리 저자
- 파이팅혼공TV 굴착기 운전기능사 필기 한방에 정리 저자
- 파이팅혼공TV 조경기능사 필기 초단기합격 저자
- 파이팅혼공TV 산림기능사 필기 초단기합격 저자
- 파이팅혼공TV 전기기능사 필기 초단기합격 저자
- 파이팅혼공TV 한식조리기능사 필기 초단기합격 저자
- 파이팅혼공TV 조경기능사 필기 초단기합격 저자

유튜버 파이팅혼공TV
2026 산림기능사 필기 초단기 CBT 10개년 빈출+기출문제집

발행일 2025년 7월 10일
발행처 인성재단(종이향기)
발행인 조순자
편저자 파이팅혼공tv 컨텐츠 개발팀
표지·편집 서시영

※ 낙장이나 파본은 교환해 드립니다.
※ 이 책의 무단 전제 또는 복제행위는 저작권법 제136조에 의거하여 처벌을 받게 됩니다.

정가 30,000원 | **ISBN** 979-11-94539-11-7